学/者/文/库/系/列

U0869132

动态系统的形式化描述与验证

刘珊艳　著

哈尔滨工程大学出版社
Harbin Engineering University Press

内容简介

本书聚焦于高可靠动态系统的形式化设计与验证研究，提出了一种形式化描述与验证方法，主要对利用可执行时序逻辑语言 XYZ/RE 来精确描述系统、XYZ/RE 到时间自动机的映射规则的建立、嵌入式动态系统的建模等进行了详细介绍，并对借助基于时间自动机的验证工具 UPPAAL 对系统进行形式化验证，以提高系统的正确性、可靠性、可信度等进行了讲解。此外，本书结合智能制造、智能家居等典型场景开展实证，并提出在进行工业控制动态系统设计时可融入先进测试技术的理念，同时介绍了动态系统的质量保证方法。

本书可为物联网、智能制造等领域高可靠动态系统设计的相关研究人员提供方法参考。

图书在版编目(CIP)数据

动态系统的形式化描述与验证 / 刘珊艳著. -- 哈尔滨 : 哈尔滨工程大学出版社, 2025. 6. -- ISBN 978-7-5661-4859-9

Ⅰ. N94

中国国家版本馆 CIP 数据核字第 2025H0K174 号

动态系统的形式化描述与验证

DONGTAI XITONG DE XINGSHIHUA MIAOSHU YU YANZHENG

选题策划 邹德萍
责任编辑 关　鑫
封面设计 李海波

出版发行 哈尔滨工程大学出版社
社　　址 哈尔滨市南岗区南通大街 145 号
邮政编码 150001
电　　话 0451-82519989
经　　销 新华书店
印　　刷 哈尔滨午阳印刷有限公司
开　　本 787 mm×1 092 mm　1/16
印　　张 8
字　　数 143 千字
版　　次 2025 年 6 月第 1 版
印　　次 2025 年 6 月第 1 次印刷
书　　号 ISBN 978-7-5661-4859-9
定　　价 39.80 元

http://www.hrbeupress.com
E-mail:heupress@hrbeu.edu.cn

前　言

目前,动态系统的应用日益广泛,在现代社会中扮演着越来越重要的角色。动态系统指的是状态轨迹随时间演变的系统,系统的状态变量随时间推移有明显的变化,是关于时间的函数。动态系统的正确性不仅依赖于计算的逻辑结果,还依赖于结果产生的时间。这类系统要求绝对安全可靠,不容有半点疏漏,所以如何确保动态系统的安全性和可靠性一直是计算机科学与控制论领域研究人员共同关注的焦点。

形式化方法的主要研究对象是计算机系统设计和验证,它最主要的目的是帮助工程师构造正确可靠的计算机系统,最基本的特点是利用数学的概念、方法和工具来解决设计的正确性问题。因此,采用形式化方法对动态系统进行分析和设计是提高其可靠性的重要途径。

时序逻辑和时间自动机(timed automaton,TA)是目前关于动态系统设计的两大主流形式化方法。时序逻辑适合用来描述动态系统的一些重要属性,这些属性通常采用扩充了时间表达能力的时序逻辑——各种实时逻辑来表示;而时间自动机则适合用来刻画动态系统与时间有关的行为特征,反映动态系统控制行为的可视转向。研究这两种形式化方法之间的关系,并通过转换、映射的方法综合它们的特性来设计动态系统,在理论和实践中都具有非常重大的意义。

基于此,本书开展了对一种可执行的时序逻辑语言(XYZ/RE)到时间自动机的映射问题的研究。使用 XYZ/RE 描述动态系统,不仅可以准确地表现系统的重要属性,还可以无二义地陈述系统的功能。使用时间自动机对动态系统进行建模,不仅可以建立基于时间控制行为的有向图,还可以对系统的属性做模型检测。为了保证映射的精确性,本书在分析了 XYZ/RE 和时间自动机相关语义的基础上,对 XYZ/RE 进行了相应的扩充和约束,然后给出了从 XYZ/RE 到时间自动机的映射机制。按照映射机制将 XYZ/RE 所描述的动态系统进程转化为时间自动机,这样便可以准确地捕获动态系统的性质、功能和控制行为。

不仅如此,本书还利用基于时间自动机的验证工具 UPPAAL 对 XYZ/RE 所描述的系统相关属性(安全性、活性和可达性)进行了验证,提高了系统在正确性和可靠性方面的可信度。

当前,动态系统已经渗透到工业自动化、智能家居、医疗健康、交通出行等方方面面。随着物联网、人工智能和边缘计算等技术的进步,动态系统将进一步推动生产过程的柔性化、生活服务的智能化,并在生产生活的诸多领域解决效率、安全与可持续性难题。代表性的应用有嵌入式智能家居和智能化的生产系统。这些系统都具有高实时性和不可预见性的特点。为了能够确保设计出的智能家居设备和智能制造生产线系统能够满足人们相应的属性需求,本书提出使用时间自动机对系统进行分析、建模和验证的方法,分析系统的安全属性并对系统可能出现的意外故障及系统如何进行智能化的自我恢复做出充分考虑,然后使用计算树逻辑(computation tree logic,CTL)语言描述系统的各项需求规范,继而在 UPPAAL 中构建各个阶段工作部件的时间自动机模型并验证整个系统的实时性、正确性、鲁棒性和安全性。实验结果表明,得到的系统模型满足各项需求规范,并在遇到工作行为执行失败时可通过自我决策恢复正常。

软件测试是使软件质量得到保证的主要方法。为了提高软件的质量,可以在需求分析阶段就对测试对象进行分析。根据需求分析规则产生的谓词常常可以用于软件检测。本书讨论基于谓词的测试准则 BOR 和 BRO,并使用该准则检测需求规则中所有的布尔运算符故障和关系运算符故障。结果表明,根据谓词信息生成的测试用例集合是最小的,且每个测试用例都能从不同方面暴露各种运算符故障,从而可以对需求规则进行充分的测试,提高软件设计的准确性。工业控制动态系统在生产中产生了大量的数据。对于软件测试,面向大规模数据应该测试什么、如何测试、怎么衡量产品质量,都是当前软件测试技术亟须解决的难题。在介绍了大数据测试的主要技术后,本书给出了面向大数据的测试过程。由于 ETL(extract transform and load,即抽取、转换和加载)测试是数据仓库测试中重要且复杂的阶段,因此本书给出了 ETL 测试的主要类型及 ETL 自动化测试的优势。研究表明,合理地搭建测试环境、应用自动化测试技术可以提高测试效率,进而降低大数据测试的难度。

本书研究内容是软件形式化方法在动态系统中的具体应用,既可作为本领域的研究者了解时间自动机、形式化建模、形式化验证、软件质量保证等研究前沿的参考资料,也可作为软件工程相关专业的本科生、研究生的学习资料。本书由作者独撰。本书的出版得到了湖北省高等学校优秀中青年科技创新团队计划项目“行为识别技术研究及开发”（编号：T201923）、荆门市重大科技计划项目“基于人工智能和边缘计算融合的自动化生产线关键技术研究与应用”（编号：2022ZDYF019）的资助，在此一并表示感谢！

由于作者水平有限，时间也比较仓促，疏漏之处在所难免，望读者给予批评指正。

著　者

2025 年 2 月

目　　录

第1章 绪　　论

1.1 研究背景

随着计算机技术的飞速发展,动态系统的应用日益广泛,这使得人们的技术得以进步、能力得到了极大的延伸,实现了许多以前人们无法实现的愿望,如航天飞机的自动控制、民航客机的平稳飞行控制、核电站的安全监控、智能高速公路的监控、无人机导航、工业机器人运动规划等。几乎所有以“安全性第一”为考量的系统以及大多数嵌入式计算机系统都是动态系统,动态系统已成为工业生产和人们日常生活依赖的基础之一。

动态系统中许多动作的完成是与时间有关的,即要满足一定的时间限制,如当外界环境发生变化时,系统执行动作要在 1 s 内完成等。对这类安全性要求极高的系统,设计中极为细微的疏漏将会造成巨大的经济损失或灾难性的后果。例如,1996 年 6 月 4 日,法国“阿里安 5”(Ariane 5)运载火箭的发射失败就是由于嵌入火箭内部的动态系统软件在运行时出现了错误,这直接造成 25 亿美元的经济损失。因此确保动态系统的正确性和可靠性是至关重要的。

有两种方法可以提高动态系统的正确性和可靠性。一种方法是使用工程(包括软件和硬件)技术,比如使用结构程序原则来减少程序执行的错误,或者使用检测技术来发现执行中的错误。另一种方法是使用形式化分析和验证技术来确保执行系统满足在所有情况下给出的假设的需求安全约束。动态系统不仅要满足严格的时间上的要求,而且要能够监控与预先设计假设有干扰的执行环境。第一种方法由于测试永远不能确保系统没有错误,仅仅只能增加系统正确性的可信度。第二种方法则可以保证所检验的系统永远可以满足相应的属性需求。故采用形式化方法对动态系统进行精确的分析、描述与验证,这是保证其正确性和可靠性的重要途径。

形式化方法能在早期发现系统中的不一致、歧义、不完全和错误，目前已被证明是一种行之有效的，可减少设计错误、提高软件系统可信度的重要途径[1]。将形式化方法应用到动态系统软件开发过程中，对保证软件的正确性、安全性和可靠性会起到重要的作用。事实上，形式化方法的工具可以应用到系统软件开发的各个阶段中，如需求分析、描述、测试和验证等。

1.2 研究现状

目前在动态系统研究领域有两个较大的研究群体：一个是以 Manna 和 Pnueli 为代表的美国研究群体，包括斯坦福大学、加利福尼亚大学伯克利分校、康奈尔大学等高校的计算机科学家；另一个是以 Hoare 为代表的欧洲围绕“ProCos 计划”（欧共体①连续支持了十年的信息技术研究中的基础研究）的研究群体，其中有英国、德国、荷兰、丹麦等国家的计算机科学家。中国科学院院士唐稚松教授提出的世界上第一个可运行的时态逻辑语言 XYZ/E，以及中国科学院软件研究所的周巢尘教授提出的 DC 演算，目前在全球动态系统研究中也占有极为重要的地位。

在动态系统的开发设计中，目前常用的设计方法有 3 种：结构化的设计方法、面向对象的设计方法和形式化的设计方法。

在结构化的设计方法中，比较经典的有 Mascot、JSD、Youdon、MOON、HOOD、DARTS、MCSE 等。结构化的设计方法主要利用结构化语言、自然语言和图表等来描述需求规格说明，然后再利用一定的方法和步骤，将其逐步转换、过渡到代码[2]。比如 SA/SD② 方法中使用了数据流图（data flow diagram，DFD）及实体、联系图等来表示系统的动态和静态特性。同时，利用数据字典、结构化语言、问题分析图（problem analysis diagram，PAD）、程序流程图、模块结构图等，对相关的数据和功能加以定义和描述。还可以将 DFD 转换为模块结构图，进而可以由每个模块编程。结构化的设计方法特别有利于对系统及其结构的分

① 欧共体全称为欧洲共同体，是欧洲经济共同体、欧洲煤钢共同体、欧洲原子能共同体的总称。

② SA 为结构化分析，全称为 structured analysis。SD 为结构化设计，全称为 structured design。

析。一方面,系统开发人员利用它可以很方便地定义出用户需求。另一方面,系统可以直接将相应结果返回给用户以进行正确性和完整性验证。但是结构化的设计方法对系统成分的可重用性及并发性等都缺乏显著的支持;另外,结构化的设计方法和技术缺乏形式化,其所用符号的简单性和多样性(图表、正文等),导致其给出的需求规格说明很难基于其自身进行正确性、一致性等方面的严格验证,更无法对其进行推理证明,最终只能由需求分析人员和用户一道进行人工验证。尽管目前有许多工具可支持这方面的工作,但这些工具也只能在少数几个环节中应用。

面向对象的设计方法始于20世纪80年代后期,目前已被广泛应用在分布式动态系统的设计中,它与结构化的设计方法有着很大的区别。在面向对象的设计方法中,比较典型的可以设计动态系统的是实时统一建模语言(real-time unified modeling language,RT-UML)[3]。在RT-UML中,使用了类似于实体-联系图的语言来描述类及对象。对于系统行为的早期设计可以用消息序列图来表示。面对系统行为的全面定义则可以用状态图的形式来表示。

动态系统的研究始终围绕如何精确描述、分析与控制随时间演化的复杂行为展开。传统动态系统设计依赖于微分方程进行建模与经验化调试,但在安全关键领域(如航空航天、自动驾驶)的可靠性需求的推动下,形式化的设计方法逐渐成为核心方法。当前相关研究呈现出多学科交叉特性,涵盖数学理论、计算机科学、控制工程等多个领域。随着系统复杂性呈指数级增长,动态系统的设计范式正经历从经验主导到数学严谨、从局部验证到全局保障的深刻转型。目前,用于动态系统设计的形式化方法主要可以分成4大类,即时序逻辑、过程代数、自动机和状态机及Petri网[4]。

时序逻辑是对命题和谓词的一个扩充,它引入了一些新的操作符来表示与动态系统相关的一些特性。Lamport等也对时序逻辑做了扩充,使其本身的跃迁成为可能。随后,经过进一步的发展,时序逻辑允许将截止期附加到操作符上。例如,实时逻辑(real-time logic,RTL)就很好地将时间与一阶谓词逻辑结合了起来。

基于过程代数的形式化方法有宾夕法尼亚大学开发的通信共享资源代数(algebra of communicating shared resources,ACSR)。它是一个定义有界资源动态系统的进程代数。再如,进程代数ACSR-VP,它对ACSR进行了扩展,使其具有了值传递。

1993年,Alur等在《混合自动机理论》中提出了一种结合有限状态机与微分方程的框架,通过状态转换图和守卫条件的数学描述,为机械臂运动控制、电力系统暂态分析等场景提供了统一建模语言(unified modeling language,UML)。例如,在机械臂轨迹规划中,混合自动机可将连续关节运动与离散碰撞检测事件整合到同一模型中。然而,Zeno 行为(系统在有限时间内经历无限次离散跳变)的检测与消除仍是理论难点。MathWorks 通过 Simulink/Stateflow 工具链引入符号执行技术,以在机械臂碰撞动力学建模中实现对 Zeno 路径的自动识别。研究人员发现,当机械臂末端执行器接触刚性表面时,连续碰撞检测可能导致微分方程解的不连续,此时混合自动机模型会频繁触发离散状态跳变,形成 Zeno 路径。Simulink 通过将碰撞事件建模为不等式约束,利用区间算术(interval arithmetic)提前排除不可达路径,从而避免仿真崩溃。Alur 和 Dill 继而提出时间自动机理论。时间自动机是一种基于图形的动态系统建模工具,它是在有限自动机的基础上扩展的,其最主要的特征是具有时钟变量。目前,时间自动机被广泛应用于动态系统的建模和验证,并且已经出现了基于时间自动机的验证工具。

在输入输出(input/output,I/O)自动机的基础上,Lynch 和 Vaandrager 提出了时间 I/O 自动机。它是为动态系统中的元素建立的一个带标识的跃迁系统模型。在时间 I/O 自动机中,除了具有普通的输入行为、输出行为及内部行为外,还具有时间段行为。在此之后,Lynch 等又对时间自动机模型做了扩充,使它不仅能够描述离散行为,还能够描述连续行为。这一模型被称为混合 I/O 自动机。属于自动机类的形式化方法还有时间约束反应自动机(time-constrained reactive automaton,TRA),它采用基本的空间和时间的概念来对表示进行限制,即它只允许对反应、自发和偶然计算的定义。通信时间状态机(communication timing state machine,CTSM)是描述动态系统的另一个形式化模型。在 CTSM 中,一个系统包括若干通过信道彼此通信的并发进程。每一个进程都拥有具有任意域的数据变量和具有离散域的时钟变量。在这里,时钟变量是特殊的变量,专门用来表示诸如延迟和截止期这样的时间约束。CTSM 是可合成的,即两个 CTSM 进程可以合成一个新的 CTSM 进程。

Petri 网可以对动态并发系统的行为进行建模。它是由结点间的双向图构成的。它对于并发和分布式系统的形式化分析来讲是一个十分有效的方法。但是,Petri 网的缺点是其会产生大量的表示。因此,研究人员又引入了有色 Petri 网来对这类系统进行更精确的建模。

概率模型的引入显著扩展了动态系统的适用边界。针对环境噪声与部件失效等不确定性因素，研究人员将连续时间马尔可夫链（continuous time Markov chain，CTMC）与概率时间自动机（probabilistic timed automaton，PTA）相结合，构建随机动态系统的形式化框架。概率符号模型检测器（probabilistic symbolic model checker，PRISM）检测器模型可通过概率计算树逻辑（probabilistic computation tree logic，PCTL）量化系统可靠性指标，其已在核电站冷却系统、无人车决策模块验证中获得工业级应用。例如，在核电站应急冷却系统的设计中，PRISM 被用于计算泵组在高温高压环境下连续工作 72 h 的故障概率。通过将泵的磨损率建模为指数分布，并与温度传感器的误报率相关联，PRISM 生成的概率可达性树显示，当冗余泵数量从 2 台增至 3 台时，系统失效概率从 10^{-5} 降至 10^{-7}，满足国际原子能机构（International Atomic Energy Agency，IAEA）的安全标准。ISO 26262 标准进一步要求汽车电子系统需通过概率形式化验证满足 10^{-9}/h 的失效概率上限。为此，宝马公司在其自动驾驶控制模块中集成了系统理论过程分析（systems theoretic process analysis，STPA）方法，将功能安全需求转化为概率时序逻辑公式，并通过 PRISM 验证制动系统的容错能力。结果显示，在传感器失效概率为 10^{-3} 的条件下，系统仍能在 300 ms 内触发冗余制动，避免碰撞事故。

数据驱动方法与形式化验证的交叉创新成为近年来的研究热点。深度学习模型在动态系统预测控制中的应用日益广泛，但其黑盒特性导致安全验证困难。神经符号方法通过抽象解释将神经网络权重映射为符号逻辑约束，使自动驾驶感知-控制闭环的时序属性得以验证。Waymo 公司在其发布的安全白皮书中披露，通过形式化方法覆盖 99.99%的极端工况场景，显著降低了由感知误判引发的碰撞风险。具体而言，Waymo 公司使用基于区间传播的抽象解释器，对卷积神经网络（convolutional neural network，CNN）的输出进行保守估计。例如，在识别交通信号灯时，抽象解释器会计算图像像素扰动对分类结果的影响范围，确保在光照变化或部分遮挡的情况下，误判概率低于 0.001%。同时，控制模块的比例积分微分（proportional integral derivative，PID）参数被编码为线性时序逻辑（linear temporal logic，LTL）公式，通过 UPPAAL 验证其在所有可能感知输入下的稳定性。2022 年，Waymo 公司在加利福尼亚州进行的 100 万英里①路测数据显示，形式化验证使系统在暴雨天气中的误判率下降了 58%。

模型检测（model checking）与定理证明（theorem proving）构成两大主流验

① 1 mile（英里）= 1 609.344 m。

证路径。研究人员利用基于时间自动机模型的 UPPAAL,采用 on-the-fly 算法与偏序约简(partial order reduction)技术,成功将状态空间压缩 3~5 个数量级,实现火星探测器电源管理系统的全状态覆盖验证。美国国家航空航天局喷气推进实验室(National Aeronautics and Space Administration Jet Propulsion Laboratory,NASA JPL)的实践表明,模型检测可发现传统测试遗漏的并发进程死锁问题。在“毅力号”火星车的设计中,电源管理系统需协调太阳能板展开、电池充放电与科学仪器功耗等多线程任务。工程师利用 UPPAAL 通过时间自动机建模各任务的执行周期与资源依赖关系,并使用 CTL 公式检查“所有任务均在截止时间内完成”的属性。在验证过程中,模型检测器发现当太阳能板展开延迟超过 8 s 时,电池充电进程与机械臂运动控制可能因优先级冲突而导致死锁。工程师随后增加了动态优先级调度策略,并通过 UPPAAL 工具证明修正后的系统无死锁。定理证明则在控制系统稳定性分析中展现出独特价值,Coq/Isabelle 等工具支持 Lyapunov 函数的机器辅助推导。慕尼黑工业大学团队完成了四旋翼无人机非线性动力学模型的完全形式化证明,其验证结果被直接导入 C 代码实现,避免了手工编码的误差传递。该团队将无人机姿态动力学描述为四元数微分方程,并在 Coq 中构建李群(Lie Group)代数框架,证明了比例微分控制器(proportional plus derivative controller,PD 控制器)在所有初始条件下的渐近稳定性。生成的 Coq 代码经 Extraction 模块转换为 OCaml 程序,再编译为 C 代码部署至 Pixhawk 飞控硬件。实验结果显示,形式化生成的代码在强风干扰下的控制误差比传统手工代码降低了 37%。

实时性验证需求推动了等价性验证技术的发展。研究人员利用 MathWorks Polyspace(简称 Polyspace)通过抽象解释验证了 Simulink 模型与生成 C 代码的语义一致性,解决了工业界长期存在的“模型漂移”问题。例如,在汽车制动防抢死系统(anti-locked braking system,ABS)开发中,在将 Simulink 模型中的浮点数运算转换为嵌入式 C 代码时,可能因精度截断而导致控制律偏差。工程师利用 Polyspace 通过值范围分析(value range analysis)追踪每个变量的可能取值区间,识别出当刹车压力超过 32 767 Pa 时 16 位整型变量的溢出风险。工程师随后将变量类型改为 32 位整型,并通过 Polyspace 证明修正后的模型与代码的等价性。硬件在环(hardware-in-loop,HIL)测试中,形式化方法被用于现场可编程门阵列(field-programmable gate array,FPGA)的实现与算法规范的比特级等价检查。Xilinx Vivado HLS 工具集成 Synopsys VC Formal 模块,以确保航空航天控制系统软硬件的功能等效。在 SpaceX 的星舰导航系统开发中,Xilinx Vivado

HLS 将卡尔曼滤波算法从 C++自动综合为 Verilog 代码,Synopsys VC Formal 通过符号执行验证每个时钟周期的输出与参考算法的误差小于 10^{-6}。这种比特级验证帮助团队在 3 个月内完成了传统需 1 年的人工验证工作。

信息物理融合系统(cyber-physical system,CPS)的形式化设计面临连续物理过程与离散计算交互的验证挑战。在智能电网电压控制案例中,研究人员利用 SpaceEx 工具通过几何可达性分析处理微分方程的多面体流形,以实现电网暂态稳定的形式化保障。例如,在德国能源转型项目中,SpaceEx 被用于验证风电场接入对电网频率稳定的影响。研究人员利用微分包含对风机的功率输出建模,并计算电网频率在±0. 2 Hz 范围内的可达集。当风电渗透率超过 40%时,可达集分析结果显示频率可能超出安全阈值,工程师随后在控制策略中增加储能系统的快速响应逻辑,并通过 SpaceEx 证明修正后的系统的稳定性。近年来,自主智能系统的伦理约束编码成为新兴研究方向。Mobileye 公司提出的责任敏感安全模型(responsibility sensitive safety,RSS)将交通规则转化为形式化逻辑公式,确保了自动驾驶车辆的决策合规。RSS 的核心是将"安全距离"定义为速度的函数,并将其编码为线性时序逻辑公式。例如,在跟车场景中,RSS 要求本车与前车的距离始终大于 $v^2/(2\mu g)$(v 为车速,μ 为摩擦系数,g 为重力加速度)。通过模型检测器验证所有可能的加速/制动序列,Mobileye 公司证明了其系统在 99. 9%的工况下满足此约束。2023 年,搭载 RSS 模型的车辆在柏林城市路测中实现了零责任事故记录。

生物医学动态系统的验证需求日益迫切。人工胰腺系统的血糖动态模型验证需满足美国食品药品监督管理局(Food and Drug Administration,FDA)医疗器械的严格认证要求。美敦力公司采用 UPPAAL 验证了胰岛素泵控制算法的时序安全性,将低血糖事件发生率降低至 0. 01%。该系统将患者的血糖变化建模为带有时滞的微分方程,控制算法需在血糖预测值低于 70 mg/dL 时暂停胰岛素注射。研究人员利用 UPPAAL 通过时间自动机建模传感器采样、算法计算与执行器响应的时序链,验证从血糖检测到泵停机的总延迟不超过 5 min。临床试验数据显示,形式化验证使夜间低血糖事件减少了 92%。在神经调控系统中,闭环脑机接口的实时性保障成为研究焦点。2022 年,斯坦福大学团队在癫痫预警系统中使用 UPPAAL 验证了从脑电信号检测到电刺激触发的端到端延迟。通过将信号处理算法的快速傅里叶转换(fast Fourier transformation,FFT)计算时间建模为时间自动机的时钟约束,该团队证明了系统能在 300 ms 内完成 200 通道脑电数据的处理,满足了临床实时性要求。

主流工具呈现专业化分工趋势。UPPAAL 专注于实时系统调度策略验证，其最新版本支持概率时间自动机与图形处理单元(graphics proccessing unit, GPU)加速的状态空间搜索。在伦敦地铁信号系统升级中，研究人员利用 UPPAAL 验证了列车在高峰时段的间隔控制策略，确保最小追踪距离始终大于安全制动距离。Simulink Design Verifier 通过形式化方法支持 Simulink 模型的自动属性推导与反例生成。特斯拉公司在 Autopilot 系统开发中使用该工具验证转向控制逻辑，发现当方向盘扭矩传感器失效时，冗余控制路径的激活存在 3 s 延迟，工程师随后优化了故障切换逻辑。研究人员利用 Frama-C 通过值分析与别名检测保障嵌入式代码的内存安全。欧洲航天局(European Space Agency, ESA)在 ExoMars 任务中使用 Frama-C 验证着陆器的姿态控制代码，发现一处数组越界访问错误，避免了潜在的任务失败。

在标准化进程方面，DO-178C 航空电子标准在形式化方法补充标准中明确要求形式化验证覆盖 A 级软件的失效条件。在空客 A350 的飞控系统开发中，开发团队使用 SCADE Suite 生成代码，并通过形式化方法验证其符合 DO-178C 的 66 项目标，将测试用例减少 70%。IEEE P1850 标准推动属性规范语言(property, specification language, PSL)的统一，使不同工具能共享验证属性。英特尔在其芯片电源管理单元验证中，使用 PSL 描述“任何核心的电压调节必须在 10 μs 内完成”的属性，并同时在 Synopsys VC Formal 与 Cadence JasperGold 中验证，缩短了 40%的验证周期。

尽管研究人员在动态系统形式化设计方面取得了显著进展，但动态系统形式化设计仍面临多重瓶颈。千万级状态系统的验证效率问题尚未根本解决。IBM 提出基于量子计算的符号执行框架，利用量子叠加态并行搜索状态空间，理论验证了速度可提升指数级。2023 年，IBM 团队在量子模拟器上实现了一个 128 位计数器的模型检测，验证速度比经典算法快 1 000 倍。人机协作范式亟待突破，如何将专家经验编码为验证导向的约束条件，成为自动推理工具实用化的关键。麻省理工学院开发的 LFSC(logical framework for system construction)尝试通过自然语言处理提取需求文档中的时序逻辑片段，初步实现了需求-验证的闭环链接。例如，在需求描述“系统应在检测到故障后 2 s 内进入安全模式”中，LFSC 自动生成 LTL 公式 $\Diamond \leqslant 2$ SafetyMode，并将其导入模型检测器验证。

动态系统形式化设计方面的研究逐渐呈现出深度跨学科特征。在量子动态系统控制领域，QuTiP 工具包开始支持量子脉冲的形式化合成，通过李雅普诺夫控制理论确保量子比特操作的保真度。2024 年,谷歌量子人工智能(artificial intelligence,AI)团队使用 QuTiP 验证了超导量子比特的退相干抑制策略,将量子态保持时间从 50 μs 延长至 200 μs。数字孪生与形式化方法的融合加速,ANSYS Twin Builder 引入运行时验证框架,实现了对物理实体与虚拟模型的一致性监控。西门子公司在燃气轮机健康管理系统中部署了该框架,通过实时比对传感器数据与仿真预测,提前 14 天预警了叶片裂纹故障。

1.3 研究内容

动态系统的一些重要性质(如安全性、活性和可达性)通常采用扩充了时间表达能力的时序逻辑来描述,如:时间计算树逻辑(time computation tree logic,TCTL)、尺度区间时序逻辑(metric interval temporal logic,MITL)、RTL[5]。这些时序逻辑可以准确地描述动态系统的性质,但它们不适用于为动态系统行为建模。事实上,在目前动态系统形式化方法研究中,其动态行为模型和静态性质大多是采用不同的形式化工具分别描述的,显然,这样做不利于对系统的进一步分析和验证。

为解决上述问题,中国科学院软件研究所唐稚松院士及其领导的 XYZ 研究组提出一种可执行的线性时序逻辑语言 XYZ/E[6]。该语言基于 Manna-Pnueli 线性时序逻辑理论,将时序逻辑算子融进程序设计语言之中,使其既是一个逻辑系统又是一个程序设计语言;可同时支持抽象描述和可执行程序,能在统一的逻辑框架下表示静态与动态语义。为了能够准确地描述时间函数动态系统的实时性,XYZ 研究组将 XYZ/E 语言进行实时扩展,得到了它的实时子语言 XYZ/RE。利用 XYZ/RE 描述的系统不仅可以准确地表示出系统的时间性质,还可以准确地反映出系统的功能。然而,目前还没有开发出基于 XYZ/RE 形式化验证的工具。

在动态系统研究领域内,时间自动机是分析模拟动态系统时间行为的有力工具。它使用有限个时钟变量来表示时间,同时用一个条件来注释状态转换图。由于这个与时间有关的条件决定了状态转换发生的时机,因此称之为时间限制。对某次转换,时间自动机可能检查其时钟值,并对一些时钟赋以新值。这样,时间自动机就可以直观地刻画动态系统与时间有关的行为,反映动态系统控制行为的可视转向。此时,时间自动机理论可以针对动态系统用有限控制机制解决一些验证相关问题。以该理论为基础的解决方案已经应用于一些自动工具,如 COSPAN、KRONOS 和 UPPAAL。

由于 XYZ/RE 所描述的系统可以准确地反映出系统的功能,而时间自动机可以直观地反映出系统控制行为的可视转向,因此,本书给出将 XYZ/RE 映射为时间自动机的一种机制,这样根据映射规则,将 XYZ/RE 所描述的系统进程直接转换为时间自动机后,便可以准确地捕获动态系统的功能和控制行为。由于针对 XYZ/RE 语言描述的动态系统目前还没有相应的验证工具,因此在转换后,还可以利用基于时间自动机的验证工具对所描述的系统进行验证。

本书的主要研究内容如下:

(1)给出将 XYZ/RE 映射为时间自动机的规则,根据映射规则将 XYZ/RE 语言所描述的实时进程转换为时间自动机的模型,并在转换后,利用基于时间自动机的验证工具对所描述系统的性质进行验证。由于不同的验证工具所接受的时间自动机模型有所不同,故本书选用由 Aalborg 大学和 Uppsala 大学联合开发的 UPPAAL,所做的转换都是建立在 UPPAAL 的基础上的。

(2)给出利用 XYZ/RE 语言来描述两种类型的动态系统的实例,并按照转换规则,将实例系统的各个进程转化为时间自动机,利用 UPPAAL 这一工具对系统的安全性、可达性和活性进行验证。

(3)给出日常生活中嵌入式动态系统和工业生产中智能制造动态系统的时间自动机模型的构建步骤,同时给出按步骤生成的时间自动机模型,并提供了系统各个部件在 UPPAAL 中的具体实现,应用 CTL 语言对智能化生产线系统的可用性、正确性、实时性和安全性进行了验证。

1.4 本书结构

第 1 章为绪论,介绍了本书的研究背景、研究现状、研究内容和结构。

第 2 章为理论基础,简单介绍了动态系统和形式化方法,给出了动态系统的概念、分类、特征以及形式化方法的主要研究内容(系统的形式化描述和形式化验证)。此时,还详细介绍了 XYZ 系统的核心——基于时序逻辑的形式化描述语言 XYZ/E 及其实时扩展语言 XYZ/RE。

第 3 章为基于时间自动机的验证方法,介绍了时间自动机的理论和基于时间自动机的验证工具 UPPAAL 及其所接受的时间自动机。

第4章为XYZ/RE到时间自动机的映射,给出了相应的映射规则。

第5章为家居生活动态系统的描述及验证,使用XYZ/RE描述了两个动态系统实例,并按照映射规则将实例的进程转换为时间自动机,然后利用UPPAAL对转换后的系统的相关属性进行验证。

第6章为嵌入式动态系统的建模与验证,使用时间自动机对嵌入式动态系统进行建模,并利用UPPAAL对得到的模型进行验证。

第7章为工业控制动态系统的建模与验证,使用时间自动机对工业控制动态系统——智能制造生产线建模,并利用UPPAAL对得到的模型进行验证。

第8章为动态系统的质量保证方法,介绍了基于谓词的系统需求测试用例生成方法及大数据测试方法等。

第9章为总结与展望,对全书内容进行了总结,并对未来的工作进行了展望。

第2章　理论基础

2.1　动态系统

2.1.1　动态系统的概念

在现代社会中,许多系统和设备的正确性不仅取决于它产生的结果的准确性,还取决于它产生结果所需要的时间。近年来,计算机硬件和软件也越来越多地被嵌入到这样的对时间有要求的系统中去,用以监视和控制操作,这样的系统有无穷多个状态空间,系统的状态随时间而变化或者按确定的规律随时间演化,这样的系统叫作动态系统,也叫作动态控制系统。动态系统具有这样的特点:系统的状态变量随时间的推移有明显的变化,是时间的函数;系统状况可以由其状态变量随时间变化的信息(数据)来描述。要特别指出的是,动态系统和系统的运动是两个不同的概念。运动是系统的基本属性。一切系统,包括静态系统,都是在不断的运动之中的。唯有状态在运动中随时间的推移而发生明显变化的系统才是动态系统。和传统的计算机系统不同的是,动态系统是与外界环境的监视和控制联系在一起的,能对来自所控制的外部环境(物理过程)的交互作用做出及时响应,以达到预定目的的一种带时间约束的计算机系统。图2.1为一个动态系统的模型。通常,一个动态系统有一个决策部件,通过传感器和计算控制决策部件来与外界交互[7]。决策部件通过计算传感器传来的数据得出控制决策,并存储状态信息。

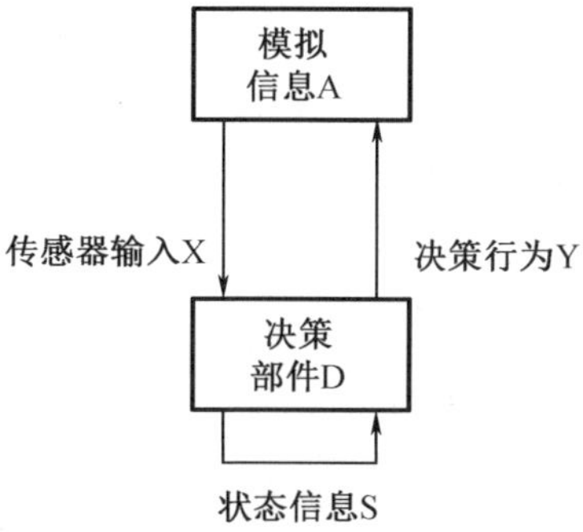

图 2.1　动态系统模型

动态系统的典型例子有:新一代的飞机和太空船上的电子设备、计划空间站的控制软件、高可靠的网络和电话转换系统、核电站控制系统、患者护理监控系统和机器人等。

2.1.2　动态系统的分类

1. 按时间约束分类

从时限对系统行为的影响(时间约束)来看,动态系统可分为硬实时动态系统(hard realtime dynamic systems)和软实时动态系统(soft realtime dynamic systems)。

在硬实时动态系统中,时限失效将导致系统行为的崩溃。例如,在核电站中,反应堆控制系统属于这一类动态系统。因为反应堆冷却任务被延误,会造成灾难性损失。硬实时动态系统通常又称安全及时间至为关键系统(safety-critical and time-critical systems)。

软实时动态系统虽然对系统的行为有时限要求,但时限失效不会造成系统的崩溃。例如,在飞行制导系统中,为了保持飞行路线与航线的一致性,需在固定时间间隔内同步对飞行位置进行采样计算,时限失效(一次位置采样的延误)只会损失精确度,一般不会影响系统工作。

动态系统具有很强的并行性,它由一组称为实时任务(real-time tasks)的可调度单元组成。这些实时任务独立地并行执行或合作地并行完成整个动态系统的行为。一般来说,动态任务可以按以下 3 种对偶情形进行分类。

硬实时任务与软实时任务:硬实时任务在任何情况下都必须满足其严格的时限要求,即它必须在其时限内完成。软实时任务的时限要求在某些情况下可以不满足。

周期型任务(periodic tasks)与非周期型任务(aperiodic tasks):周期型任务以有规律的周期进行实时计算,一般来说,它的模式是“采样—计算—响应”。非周期型任务的实时计算是非周期性的,通常由事件驱动,它的模式是“事件—响应”。

可中断任务与不可中断任务:可中断任务在其执行时可被其他任务中断。不可中断任务在其执行时不能被中断。

2. 按事件连续性分类

从发生的事件是否连续(即事件连续性)来看,动态系统可分为离散事件动态系统(discrete event dynamic system, DEDS)、连续变量动态系统(continuous variable dynamic system, CVDS)和混合动态系统(hybrid dynamic system, HDS)[8]。

DEDS 是由离散事件驱动的动态系统,其核心特征是状态变化由异步、非连续的事件如任务到达、信号触发或资源争夺等事件触发,而非依赖固定时间间隔或连续变量演化。这类系统的状态空间通常由有限或可数的离散变量构成,行为逻辑高度依赖事件发生的时序、因果关系及并发性,同时可能兼具混合特性。其建模方法涵盖形式化工具与仿真技术,广泛应用于制造系统调度、通信网络拥塞控制、交通流优化、实时任务分配及物流供应链管理。其研究挑战集中于复杂系统的稳定性与性能分析、随机事件和部分可观测下的鲁棒控制、离散-连续耦合建模以及实时决策算法。与 CVDS 不同,DEDS 的行为本质由事件序列主导,典型问题包括死锁避免、动态优先级调度和基于事件序列的故障诊断,其理论与方法在“工业 4.0”、物联网等场景中具有重要应用价值。

CVDS 是以连续时间演化为核心的动态系统,其状态由实数域上的连续变量如位置、速度、温度、压力等来描述,行为通常由微分方程或差分方程驱动,遵循确定性或随机性的连续变化规律。这类系统的核心特征在于状态随时间连续或分段平滑变化,其建模与分析侧重于动力学方程的解算、参数辨识以及控制策略设计。CVDS 广泛应用于物理系统,如航天器轨道控制、电力网络调频等,也应用于工程系统,如化工过程控制、机器人轨迹规划等。其研究挑战集中于高维/非线性系统的计算复杂性、不确定性量化、强耦合系统的解耦优化以及实时性约束下的控制精度与响应速度平衡(如自动驾驶避障决策)。与 DEDS 的事件驱动逻辑不同,CVDS 的本质是依赖时间驱动的连续状态演化,但在实际工程中常与 DEDS 结合形成 HDS,且在数据驱动时代进一步融合深度学习与强化学习等新兴方法,成为复杂系统。

同时包含 DEDS 和 CVDS，两者又相互作用的系统，称 HDS。一些系统本身不连续，嵌入式系统的广泛应用，对控制系统性能要求不断提高，在处理系统模型不确定性的同时需要克服对象、环境、控制目标等不可预测的变化，需要根据系统连续量变化与离散事件的发生来改变控制算法，这些都使得 HDS 成为研究的热点。

3. 按系统稳定性分类

从系统受到外部扰动后能否恢复到原来的平衡状态（即系统稳定性）来看，动态系统可分为稳定动态系统和不稳定动态系统。

稳定动态系统是指系统在受到小的外部扰动后，能够恢复到原来的平衡状态或在平衡状态附近稳定运行。稳定性是动态系统的一个重要特性，它决定了系统在实际运行中的可靠性和安全性。例如，一个稳定的倒立摆系统，在受到小的横向扰动后，通过适当的控制策略，能够使摆杆重新回到垂直向上的平衡位置。对于稳定动态系统来说，其平衡点是稳定的，即在平衡点附近的小扰动不会导致系统状态发散。在数学上，可以通过稳定性判据来判断系统的稳定性。稳定动态系统在设计和应用过程中受到人们的青睐，因为它们能够在一定程度的外部干扰下保持正常运行。在建筑物的抗震设计中，建筑物可以看作一个动态系统，其稳定性至关重要。通过合理的结构设计和材料选择，可以使建筑物在受到地震等外部扰动时，能够保持结构的稳定性，不发生倒塌。这种稳定动态系统的设计理念在土木工程领域得到了广泛应用，保障了人们的生命财产安全。

不稳定动态系统是指系统在受到小的外部扰动后，其状态会偏离原来的平衡状态，并且随着时间的推移，这种偏离会越来越大。例如，一个不稳定的倒立摆系统，在受到小的横向扰动后，摆杆会偏离垂直向上的平衡位置，并且会不断向一侧倾斜，最终导致系统失稳。不稳定动态系统的平衡点是不稳定的，即在平衡点附近的小扰动会导致系统状态发散。在实际应用中，不稳定动态系统通常需要通过控制手段来使其稳定，否则可能会导致系统的损坏或无法正常运行。在航空航天领域，一些飞行器在某些飞行状态下可能是不稳定的。例如，高超音速飞行器在高马赫数飞行时，由于气动特性的复杂性，其飞行姿态可能会变得不稳定。这就需要通过先进的飞行控制系统（如主动控制技术）来对飞行器进行实时控制，使其在不稳定的飞行状态下保持稳定，确保飞行安全。

4. 按系统确定性分类

从系统的未来状态是否受随机因素影响（系统确定性）来看，动态系统可分为确定性动态系统和随机动态系统。

确定性动态系统指系统的未来状态完全由其当前状态和已知的演化规律决定,不存在任何随机性。例如,一个简单的机械振动系统,其振动规律(位移、速度等状态变量随时间的变化)可以通过确定性的微分方程精确地描述,只要知道系统的初始状态和参数,就可以准确地预测其未来的状态。确定性动态系统的数学模型是确定性的微分方程或差分方程,其演化过程是可预测的,这使得在设计和分析时可以采用确定性的分析方法,如解析求解、数值仿真等。在机械加工领域,数控机床的刀具运动控制系统是一个确定性动态系统。刀具的运动轨迹由数控程序精确控制,通过建立刀具运动的确定性动态模型,可以实现高精度的零件加工。这种确定性动态系统在制造业中具有广泛的应用,能够保证加工质量的稳定性和一致性。

随机动态系统是指系统的未来状态不仅取决于当前状态和已知的演化规律,还受到随机因素的影响。例如,一个金融投资组合的价值变化是一个随机动态系统,其价值不仅受到市场利率、股票价格等已知因素的影响,还受到随机的市场波动、政治事件等随机因素的影响。随机动态系统的数学模型是随机微分方程或随机差分方程,其演化过程存在不确定性,需要采用概率统计等方法来进行分析和预测。这种随机性使得系统的分析和设计更加复杂,需要考虑如何在随机环境中实现系统的期望性能。在通信系统中,信号在传输过程中会受到随机噪声的干扰,使得接收信号是一个随机动态系统。通过建立信号传输的随机动态模型,可以设计出合适的信道编码和解码算法,以提高信号传输的可靠性和抗干扰能力。这种随机动态系统在通信领域具有重要的应用价值,对于保障通信质量起着关键作用。

2.1.3 动态系统的特征

基于动态系统的特殊要求,对动态系统的重要特征加以归纳有利于更深入地了解动态系统的内涵,一般认为动态系统具有如下几个方面的特征:

(1)时间约束性。动态系统的运行结果对时间有着严格的要求,只有符合时间约束的结果才是正确的。在动态系统中,每个任务都有一个截止时间,任务必须在这个截止期之内完成,以此来保证系统所产生的结果在时间上的正确性。

动态系统可分为硬实时动态系统和软实时动态系统。对于硬实时动态系统来说,如果所产生的结果不符合时间约束,那么,由此带来的错误将是严重且不可恢复的;而对于软实时动态系统来说,即使结果的产生不符合时间约束,但由此带来的错误是可以被接受和恢复的。不管怎样,对动态系统而言,时间约束性是其最重要的特征之一。

(2)并发性。一般来说,动态系统常常需要完成多种并发的操作,这就要求系统具有并行处理的能力。并发控制也是动态系统设计要解决的关键问题之一。

(3)可预测性。系统任何可能的应激反应必须是可预测的,也就是说,即便在最坏的情况下,系统也要严格遵守时间约束。通常在出现过载的时候,系统的性能会降低,但必须按照规定的方式进行可预期的调整。

(4)正确性。系统所产生的结果不仅具有算法上的正确性,也具有时间上的正确性。

(5)鲁棒性。由于动态系统的工作时间一般比较长,因此其工作环境也可能发生比较大的甚至是意想不到的变化。好的系统应该具有这样的特点:即使系统出现了错误或外部环境与规定不符,其仍然处于可预测状态,可以安全地带错运行或降级操作。

(6)输入和输出。系统的输出与输入之间满足线性关系时,即满足叠加原理和齐次性。对于线性动态系统,如果输入信号是几个简单信号的线性组合,那么系统的输出也是这些简单信号对应的输出的线性组合。线性动态系统的数学模型可以是线性微分方程或线性差分方程。这种线性特性使得系统在分析和设计时相对简单,可以利用线性代数、拉普拉斯变换或 Z 变换等工具进行处理。系统的输出与输入之间不满足线性关系时,即不满足叠加原理和齐次性。非线性动态系统的行为通常比线性系统复杂得多。例如,一个具有饱和非线性的放大器电路,当输入信号幅度较小时,放大器的输出与输入呈线性关系,但当输入信号幅度超过一定范围时,输出信号就会出现饱和现象,不再与输入信号呈线性关系。非线性动态系统的数学模型是非线性微分方程或非线性差分方程。这种非线性特性使得系统的分析和设计变得更加困难,需要借助更复杂的数学工具和方法,如相平面分析、李雅普诺夫稳定性理论等。

动态系统的核心特征体现了其描述和预测状态随时间演化的能力,这些特征共同构成了其理论与应用的基础。

2.2 形式化方法

形式化方法的主要研究对象是计算机系统的描述和验证。它起源于 20 世纪 70 年代的程序验证;20 世纪 80 年代末,其研究领域扩展到硬件验证;20 世纪 90 年代末又扩展到实时动态系统。形式化方法的最主要的目的是帮助工程师构造正确可靠的计算机系统,其最基本的特点是利用数学的概念、方法和工具来解决设计的正确性问题。形式化方法的主要数学基础包括各种逻辑学、集合论、代数理论、图论等[9]。目前对形式化方法还没有统一的定义,凡是采用严格的数学工具、具有精确的数学语义的软件开发方法都可以称为形式化方法。

形式化方法是提高系统质量的重要途径,在从高层规范到最终实现的过程中,选用适当的以形式化方法为基础的工具进行辅助设计和验证,对提高安全攸关(safety-critical)系统的可信度有很大帮助

使用形式化方法的好处有以下几个方面[10]:

(1)检测产品正确性。使用形式化方法可以客观地检测系统的正确性,和当今使用的过程质量(process quality)检测完全不同。

(2)早期就可以发现错误。形式化方法可以用在开发早期的产品中,从而可以检测到并可以排除设计中的错误,避免了在后期发现错误后又重新进行设计的麻烦。

(3)确保产品的正确性。和测试不同,形式化分析工具(比如模型检测)可以对系统中可能存在的所有执行路径进行检测。如果存在任意一条可以导致错误发生的语句,模型检测就一定可以将其发现。在一个多分支系统中,并发执行是要特别考虑的一个问题,形式化方法可以检测到所有可能的路径和其交叉点是否存在错误,这种覆盖率是测试不可能达到的。图 2.2 形象地对两种方法进行了比较。

(4)可分析复杂系统。和单独使用测试相比,形式化方法的分析本质决定了它更适合验证复杂系统。形式化方法也可以完成“什么-如果”(what-if)式的分析,若是所给系统发生了改变,它同样可以适应已改变的系统。

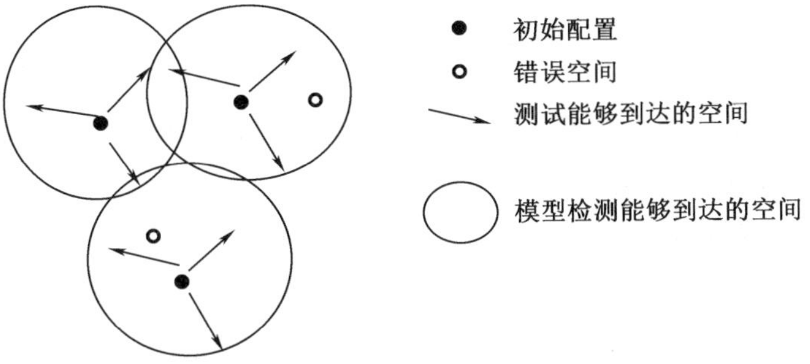

图 2.2 形式化方法(模型检测)和测试的比较

2.2.1 形式化描述

用形式化方法来描述软件系统一直是软件工程界研究的热点,它是用逻辑的语言和进程代数来对系统的性质进行描述的,也是形式验证的依据。由于形式语言具有严格的数学定义,因此所描述的动态系统更准确、完备、一致和无歧义,可保证客户和后续开发人员对所描述的系统有相同的理解和认识,同时降低了各层次开发人员交流的难度。

目前,常用的形式化描述语言有:Z、B、DC、LOTOS、VDM、XYZ/E。

Z [11-12]语言是目前使用较为成功且有效的语言,它是基于模式的形式化规格语言,以一阶谓词逻辑和集合论为形式语言基础,将函数、映射、关系等数学方法用于描述之中,具有精确、简洁、无二义性的优点,有利于保证程序的正确性,尤其适用于无法进行现场调试的高安全性系统的开发。20 世纪 80 年代以后,Z 语言得到相应的扩充,克服了其缺乏表达大型系统规格说明的必要机制,因而,其在工业界得到了较为广泛的应用。

B 语言[13-14]属于基于模型的规格说明符号语言的范畴,是一种基于对象的形式化语言。它以规格说明语言 Z 语言的研究为背景,在引入一些面向对象机制等特点的同时,保留了 Z 语言的优点。B 语言使用相对简单,且用人们熟悉的符号表示法(广义代换)来表达状态的转换,从软件的规格说明到编码的形成使用一致的形式描述,使程序和程序的规格说明处于统一的数学框架之下,以一种基于集合论的符号表示法来书写,减少了出现语义错误的可能性。这种数学框架是通过谓词变换和扩展的 Dijkstra 最弱前置条件提供的。B 语言的抽象机非常类似于 Effiel 中的“类”的概念,或者 Ada 语言的“包”。

时段演算理论(duration calculus,DC)是由我国计算机科学家周巢尘和英国、丹麦科学家合作提出的。DC 是对 Moszkowski 离散区间时态逻辑的推广[15]。它的公式化的解释建立在有界闭区间上,用来描述系统的逻辑。它首次引入了积分运算来方便地对断续的系统行为进行推理。DC 的最重要的特点之一是能够表达系统持续时间的积累(积分),从而可以精确地计算一个动态运行的任务的累计持续时间。

LOTOS[16]是基于进程代数模型的一种抽象的形式化语言,具有精确的语法定义和形式语义,可通过在外部环境中交互操作的时序关系来定义,便于用来设计分布式交互系统。LOTOS 支持代数数据类型表达和过程代数集成,支持并发,并且有很好的数学基础,便于进行形式化分析的推导。

VDM[17]全称为“the vienna development method”,起源于 20 世纪 70 年代 IBM 公司的维也纳实验室。VDM 规格说明的典型构成为状态描述、类型不变式规定,函数定义,运算定义等。其基本思想是运用抽象数据类型、数学概念和符号来规定运算或函数的功能,而且这种规定的过程是结构化的,其目的是要在系统实现之前简短而明确地指出软件系统要完成的功能。应用 VDM 进行系统开发就是在形式化规格说明、程序实现和程序正确性证明这“三步曲”中不断进行的。

XYZ/E 是由中国科学院院士唐稚松教授提出的。由于本书所用的描述语言就是基于 XYZ/E 语言的,所以在 2.3.2 中对其进行较为详细的介绍,此处不再赘述。

2.2.2 形式化验证

形式化验证是保证系统设计正确的一种重要方法,也是形式化方法的一个重要研究内容,其可以证明描述系统的逻辑式蕴涵描述性质的逻辑式,并可以从某一个角度回答“系统一定没有错误?”这样一类问题,从而进一步提高系统可靠性的可信度。

形式化验证方法主要有定理证明和模型检测。其中,早期的形式化技术主要采用定理证明方法来验证顺序和并发程序的正确性,而近期则多采用模型检测方法验证离散动态系统。

1. 定理证明

定理证明方法的基础是一个形式化的逻辑系统。该逻辑系统由一系列公理和推理规则组成。定理证明的过程是从系统的公理出发,使用推理规则逐步推导出规范成立的证明过程。图 2.3[18]给出了定理证明的基本过程以及定理生成和定理检查两种应用模式。定理证明的第一步是用形式化语言(如命题逻辑、一阶逻辑或高阶逻辑)描述被验证系统和系统规范;第二步是将被验证系统和系统规范间的隐含或等价关系构造为一个数学定理;第三步,若是定理生成,则由定理生成工具自动或在用户指导下生成定理证明过程。若是定理检查,则由定理检查工具自动(或在用户指导下检查)给定证明的正确性。一般情况下,定理证明特指定理生成,即形式化验证系统要给出定理证明过程。

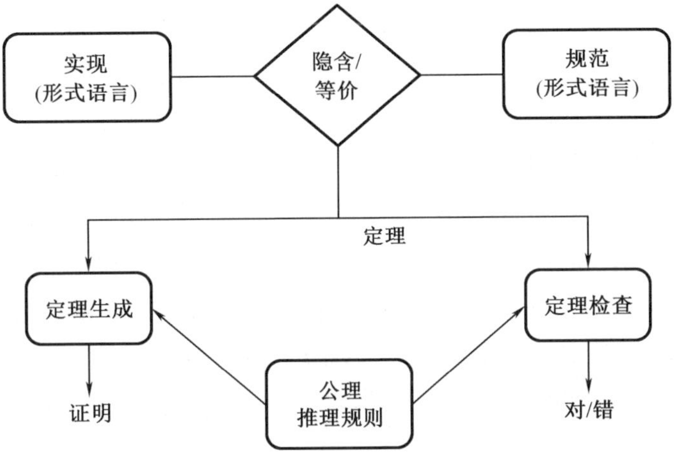

图 2.3 定理证明的两种应用模式

定理证明过程依赖于系统的公理和推理规则,在某种程度上也依赖于其派生定义和中间引理。尽管通过内置启发式推导方法、规则重写和化简等方法可以提高定理证明的自动化程度,但是大多数定理证明都是交互过程,由专家给定证明过程中每一步采用的推理规则,然后由定理证明系统根据推理规则进行推导,直到证明定理成立为止。

目前,定理证明方法已经广泛应用于工业级的软硬件设计验证中,比较有名的定理证明系统有 HOL(higher-order logic)[19]、Boyer-Moore[20]、PVS(prototype verification system)[21]和 ACL2(a computational logic for applicative common lisp)[22]。

HOL 是由英国剑桥大学研制的交互式高阶逻辑定理证明系统。在 HOL 系统中,所有推理规则都是由 8 个初始推理规则派生出来的,证明过程的每一步都由用户选择推理规则,然后由 HOL 系统检查可行性并进行推理。比较有代表性的应用:Joyce 和 Melham 于 1988 年首先给出了采用 HOL 系统实现硬件设计验证的实例;Fox 采用 HOL 验证了 ARM6 微处理器的设计。

Boyer-Moore 是一个一阶逻辑定理证明系统。其工作过程为:首先,由用户建立一组引理作为推理规则;其次,根据内置的启发式策略选择推理规则,并基于推理规则进行推导。Boyer-Moore 定理证明器代表性的成功应用包括:Hunt 对 16 位微处理器 FM8501 进行了验证;Verkest 等证明了不恢复除法(nonrestoring division)算法;Leeser 等验证了基 2 开根算法。

PVS 是高阶逻辑证明系统。其初始推理规则包括命题和量词推理规则、归纳规则、重写规则和线性运算函数决策程序等内容。用户可通过组合初始推理规则来构造高级推理规则,从而证明复杂定理。另外,PVS 还集成了基于二叉判定图(binary decision diagram,BDD)的模型检测,将模型检测和理论证明有效结合起来。代表性的应用:Srivas 等使用 PVS 验证了一些硬件设计,包括商用处理器验证;Carreno 和 Miner 给出了基于 HOL 和 PVS 系统的大部分 IEEE 浮点标准的形式化描述;Ruess 等验证了英特尔出现除法设计缺陷的 SRT 算法和实现。

ACL2 是 Boyer-Moore 系统 Nqthm 的扩展,支持类 LISP 的一阶逻辑。代表性的应用:CLI 公司基于 ACL2 验证了 AMD K5 的浮点除法算法,验证过程总共使用了 1 600 个定义和引理;Russinoff 基于 ACL2 成功验证了 AMD K7 处理器的浮点乘法、除法和开根运算。

定理证明方法已经成功验证了大量的硬件系统,在目前形式化验证工作中发挥着重要作用,相对于模型检测技术,定理证明的最大优点在于它可以应对无限状态系统,但是,定理证明方法需要大量来自经验丰富的用户的指导,无法完全自动化。

2. 模型检测

模型检测是一种很重要的自动验证技术。它最早由 Clarke 和 Emerson 以及 Quielle 和 Sifakis 在 1981 年分别提出,主要通过显式状态搜索或隐式不动点计算来验证有穷状态并发系统的模态/命题性质。由于模型检测可以自动进行, 并能在系统不满足性质时提供反例路径,因此在工业界比定理证明更受推崇。尽管模型检测的应用限制在有穷系统上是一个缺点,但模型检测可以应用于许多非常重要的系统,如硬件控制器和通信协议都是有穷状态系统。在很多情况下,可以把模型检验与各种抽象和归纳原则结合起来,用以验证非有穷状态系统(如动态系统)。模型检测方法框架如图 2.4 所示。

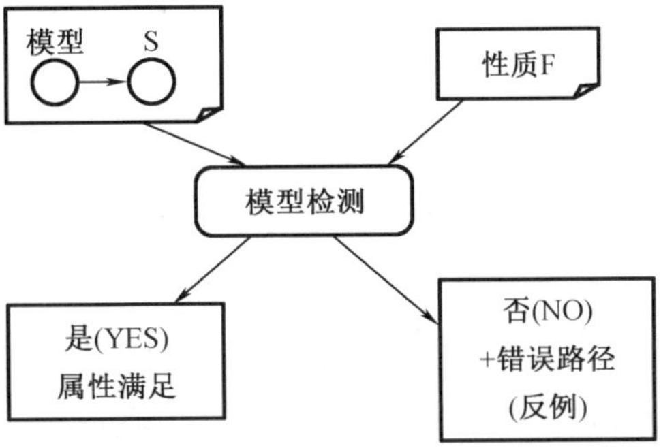

图 2.4 模型检测方法框架

如图 2.4 所示,模型检测的基本思想是:用状态迁移系统(S)表示系统的行为,用模态/时序逻辑公式(F)描述系统的性质。这样"系统是否具有所期望的性质?"就转化为数学问题"状态迁移系统 S 是不是公式 F 的一个模型?",用公式表示为 S|=F?。对有穷状态系统,这个问题是可判定的,即可以用计算机程序在有限时间内自动确定。

模型检测的研究大致涵盖以下内容:模态/时序逻辑、模型检测算法及其时空效率(特别是空间效率)的改进,以及支撑工具的研制。

模态/时序逻辑是模型检测的基础,常用的有:CTL、命题线性时序逻辑(proposifional linear temperal logic,PLTL)、μ 演算[23]、on-the-fly。

CTL 是一种分叉时序逻辑。它将系统的运行看成系统状态的变化。系统状态变化的可能性可以表示成树状结构。比如说一个并发系统从一个初始状态开始运行,由于行为的不确定性,它可以有多个可能的后续状态,每个这样的状态又可以有多个可能的后续状态,依次类推,可以产生一棵状态树。CTL 可以描述状态的前后关系和分枝情况。描述一个状态的基本元素是原子命题符号。CTL 公式由原子命题、逻辑连接符和模态算子组成。

PLTL 将系统状态变化的可能性看成所有可能的系统初始状态经历各种可能变化的集合,也就是把一棵树看成有限或无限条路径的集合。一条路径所代表的是系统的一次可能的运行情况。PLTL 关心的是系统的任意一次运行中的状态以及它们之间的关系。PLTL 公式由原子命题、逻辑连接符和模态算子组成。

PLTL 和 CTL 的表达能力不同,各有各的长处。PLTL 模型检测的常用方法是将所要检测的性质即 PLTL 公式的补转换成 Büchi 自动机,然后求其与表示系统的自动机的交集。如果交集为空,则说明系统满足所要检测的性质;否则生成一个反例,说明不满足的原因。

系统状态的改变总是由某种动作引起的。μ 演算关心的是系统的动作与状态之间的关系。描述动作的基本元素是动作符号。μ 演算公式由原子命题、命题变量、逻辑连接符、模态算子和不动点算子组成。

模型检测是基于对系统状态空间的穷举搜索进行的。对于并发系统,其状态的数目往往随并发分量的增加而呈指数增长。因此当一个系统的并发分量较多时,直接对其状态空间进行搜索在实际上是不可行的。这就是所谓的“状态爆炸”问题。

模型检测存在的主要问题就是状态爆炸。许多研究人员最初认为模型检测是不可能被实际应用于验证大规模的系统的,然而 20 世纪 80 年代后期以来,模型检测技术在使用一些优化技术后,所能验证的迁移系统规模显著增大。一种技术是采用了 BDD 的数据结构来表示布尔函数。这种新的数据结构可以简单地表示迁移系统并可以很快地对其进行操作,可以验证的系统的状态空间也有了显著的增大。例如,用最初 Clarke 和 Emerson 提出的 CTL 模型检测算法,基于 BDD 表示,可以验证状态超过 10^{20} 个的硬件系统,而采用直接穷举方式表示状态空间只能验证至多 10^{8} 个状态[24]。

on-the-fly 模型检测的基本原理是:根据需要展开系统路径所包含的状态,避免预先生成系统中所包含的所有状态。一个系统可以由多个进程组成,并发执行,使得不同进程的动作可以有许多不同的次序。基于对这一问题的认识,可以将某些状态的次序固定,以减少重复验证本质上相同的路径。这种方法称为偏序约简[25-26]。

由多进程组成的系统中的某些进程可能完全类似,并发执行的结果可能产生许多相同或相似的路径。基于对这一问题的认识,我们可以只搜索在对称关系中等价的一种情形,以避免重复搜索对称或相同的系统状态。这种方法称为对称模型检测[27-28]。

一般来讲,能够减少搜索空间的方法能同时节省时间和降低对内存空间的需求。由于内存空间在某些情况下比时间更为重要,因此有些方法的目标是以时间换空间的。除了在模型检测的过程应用不同方法以提高效率和减少对内存空间的需求外,还有许多研究的目标是降低模型本身或验证性质的复杂性。

这方面的方法有不同类型的抽象[29-31]、程序切片[32-34]、模型分解[35-36]、验证性质的分解[37]。抽象的基本思想是抽掉系统中的细节,用尽可能少的状态来刻画系统的运作过程。程序切片的基本思想是将程序中不影响所要验证的性质的语句去掉以降低模型复杂性。模型分解的思想是将一个模型分解成若干部分,或者分别进行验证,或者提供一个较好的组合方法,以降低验证的复杂性。同样,一个需要验证的性质也有可能被分解成若干部分,然后分别进行验证。

模型检测的优点在于可以完全自动地进行验证,这一方法的成功在很大程度上应归功于有效的软件工具的支持,以下就是几种比较常用的模型检测工具。

SMV[38]是美国卡耐基梅隆大学开发的模型检测工具,用于检测一个有限状态系统是否满足 CTL 公式。它的建模方式是以模块为单位,进行同步或异步组合。模块描述的基本要素包括非确定性选择、状态转换和并行赋值语句。其模型检测的基本方法是以 BDD 表示状态转换关系,以计算不动点的方法检测状态的可达性和其所满足的性质。

SPIN[39]是美国贝尔实验室开发的模型检测工具,用于检测一个有限状态系统是否满足 PLTL 公式及其他一些性质,包括可达性和循环性。它的建模方式是以进程为单位,进行异步组合。进程描述的基本要素包括赋值语句、条件语句、通信语句、非确定性选择和循环语句。其模型检测的基本方法是以自动机表示各进程和 PLTL 公式,以计算这些自动机的组合可接受的语言是否为空的方法检测进程模型是否满足给定的性质。

不同版本的 CwB[40]是英国爱丁堡大学和美国北卡罗来纳州立大学相继开发的模型检测工具,用于检测系统间的等价关系、PRE-ORDER 关系,以及系统是否满足 μ 演算公式。它的建模方式是用 CCS 语言或 LOTOS 语言(的子集)进行建模。由于建模语言的局限性和模型检测方法复杂度较高,因此这个工具的可应用性比前面所述的工具要差一些。

UPPAAL[41]是基于约束-解决和 on-the-fly 技术,用于动态系统建模、模拟和验证的工具。它是由瑞典乌普萨拉大学和丹麦奥尔堡大学于 1995 年联合开发的。

2.3　XYZ 子语言 XYZ/RE

2.3.1　XYZ 系统

XYZ[6]系统是一个以增强软件可靠性和提高软件生产率为目的的程序开发支撑系统。它由时序逻辑语言 XYZ/E 和以该语言为基础的一组软件工程工具组成。其工具包括面向模块的可视化设计工具、基于形式化方法的设计工具、基于体系结构的软件开发方法的描述语言与支撑工具、语言转换工具及程序正确性验证工具。目前，XYZ 系统已经成功地应用到诸多领域，如动画领域[42]、混成系统控制领域[43]、容错系统领域[44]、软件体系结构描述领域[45-46]、CA 认证系统领域[47]等。

2.3.2　时序逻辑语言 XYZ/E

XYZ/E 是世界上第一个可运行的时序逻辑语言。它是一种以线性时序逻辑为基础的形式化程序设计语言，能在统一的语义框架中表示从形式规范到可执行程序的不同抽象层次的系统描述，既能表示程序的动态语义，又能表示规范的静态语义。其最基本的特征是以一个统一的框架，既能表示适应冯·诺依曼体系的状态转换机制的命令式语言，又能表示适应逻辑推理特征的直言式公式语言。

XYZ/E 常见的逻辑连接词有：否定词（“非”，表示为“~”或“¬”），合取词（“与”，表示为“∧”），析取词（“或”，表示为“$ V”），不可兼析取词[“（不可同真的）或”，表示为“$ V'”]，蕴涵词（“蕴涵”，表示为“→”或“->”），等值词（“等值”，表示为“==”），不等词（“不等值”，表示为“! =”），全称量词（“所有…”，表示为“$ A”，即通常的“∀”），存在量词（“存在…”，表示为“$ E”，即通常的“∃”）。

XYZ/E 将来时序算子有：下一时刻算子（即一目算子“下一时刻”，表示为“$ O”），必然算子（即一目算子“从所指时刻起以后所有时刻”，表示为“[ ]”或“□”），终于算子（即一目算子“从所指时刻起某一时刻”，表示为“<>”或“◇”），直到算子（即二目算子“左式真直到右式真”，表示为“$ U”），除非算子

(即二目算子"左式真除非右式真",表示为"＄ W")。

XYZ/E 的一种基本命令形式是

$$LB=y \wedge R=>@ (Q \wedge LB=z) \quad (2.1)$$

及

$$LB=y \wedge R=>\$ O(v_1,\cdots,v_k)=(e_1,\cdots,e_k) \wedge \$ O\ LB=z \quad (2.2)$$

称为条件原子式,或简称条件元(conditional element,c. e.)。式中,y 和 z 分别为一条件元(c. e.)中的定义标号及转出标号;@ 代表＄ O(下一时刻)或是◇(最终时刻);R、Q 为一阶逻辑公式,分别称为 c. e. 条件部分与动作部分,两者是可选择的,R 缺省时,条件部分即为真;=>是蕴涵词。

XYZ/E 所描述的程序中的进程之间的通信主要有两种实现方式:一是一组进程共享一公用存储单元,当进程需要用数据时即从这个存储单元中取,当计算出结果后即往这个存储单元中送;二是基于通道并通过通信命令来实现,通信命令分为输入命令与输出命令,其表示形式分别为

$$LB_i=y \wedge R=>\$ OChNm?\ x \wedge \$ O\ LB_i=w \quad (2.3)$$

$$LB_i=y \wedge R=>\$ OChNm!\ z \wedge \$ O\ LB_i=w \quad (2.4)$$

式中,ChNm? x 与 ChNm! z 分别表示两谓词,即"由通道 ChNm 接收信息送入变量 x 中"和"由通道 ChNm 送出表达式的 z 值"。

XYZ/E 的控制结构共有 3 种形式:一是直接表示状态转换的命令形式,具有这种控制结构的子语言称为基本 XYZ/E(basic XYZ/E)或 XYZ/BE;二是结构化高级语言的语句形式,具有这种控制结构的子语言称为结构化 XYZ/E(structured XYZ/E)或 XYZ/SE;三是产生式规则的形式,具有这种控制结构的子语言称为产生式规则型 XYZ/E(production rule form XYZ/E)或 XYZ/PE。过程、进程或模块操作的算法部分只能用一种控制结构子语言来书写,但用不同子语言表示的控制结构的过程、进程或模块操作可以在同一程序中混合出现。

2.3.3 XYZ 实时子语言 XYZ/RE

为了研究 XYZ 系统在动态系统控制领域中的应用问题,XYZ 研发组对 XYZ/E 语言进行实时时间扩展,得到了它的实时子语言 XYZ/RE,并已经使用 XYZ/RE 准确地描述了播放系统[48]、煤气炉控制系统[49]。

XYZ/RE 中的时序算子是将 XYZ/E 的时序算子＄ O、◇、□、＄ U、＄ W 加

以扩充而来的,这些扩充之后的算子能够表示实时时间下限(即 l)与上限(即 u)的信息。这里的时间下限是指该算子从可能执行到该算子实际执行开始之间所需要的最短时间;时间上限是指该算子从可能执行到该算子全过程实际执行完毕之间所允许的最长时间。故相应的实时时间算子具有如下的形式:$ O{l,u},◇{l,u},□{l,u},$ U{l,u},$ W{l,u}。令@{l,u}表示上述前3种实时时序算子中的任意一种,则任一包含实时时序算子@{l,u}的条件元为

$$\mathrm{LB}=y \wedge R=>@\{l,u\}(Q \wedge \mathrm{LB}=z) \tag{2.5}$$

1. 实时子语言 XYZ/RBE

$$\mathrm{LB}=L_0 \wedge R=>\mathrm{M}\ \$\ \mathrm{U}\{0,u\}(N \wedge \mathrm{LB}=L_1) \tag{2.6}$$

将式(2.1)和式(2.2)中条件元进行时间扩充,将式(2.6)所示的条件元作为语言命令形式,这样就组成了子语言 XYZ/RBE。

2. 实时子语言 XYZ/RSE

XYZ/RSE 在语法上与 XYZ/RBE 的相应语句一样。

(1)分情形

? {0,u}[LB= $L_0 \wedge R_1$ => $ OLB= Label_1

| R_2 => $ OLB= Label_2

……

| R_k => $ OLB= Label_k;

LB= Label_1{|Q_1|} $ OLB=EXIT;

LB= Label_2{|Q_2|} $ OLB=EXIT;

……

LB= Label_k{|Q_k|} $ OLB=EXIT;

(2)循环语句

* {0,u}[LB=Entry ∧ R =>($ OLB=NEXT| $ OLB=EXIT);

LB=label{|R|} $ OLB=entry]

(3)S 条件语句

LB= $L_0 \wedge R$ => $ O{0,u}(Q_1 ∧ LB=NEXT| Q_2 ∧ LB=NEXT)

(4)等待语句

LB= $L_0 \wedge R$ =>M $ U{0,u}(N ∧ LB=NEXT)

(5)继续语句

LB=Entry{0,u }{|>>[s_1;⋯;s_m]|} $ OLB=NEXT

其中,u>= $k_1+k_2+\cdots+k_m$。

2.4 本章小结

本章简单介绍了动态系统的概念、分类和特征,形式化方法的概念和应用,以及时序逻辑语言XYZ/RE。在介绍了XYZ/E语言中的连接词和时序算子后,给出了XYZ/E的基本命令形式。本章重点介绍了XYZ/E的实时子语言XYZ/RE,给出了XYZ/RE实时算子的含义和带有实时时序算子的条件元的语义,并给出了XYZ/RE各种实时语句的表现形式。

第 3 章　基于时间自动机的验证方法

3.1　时间自动机

时间自动机是在有限自动机的基础上添加了时间约束而产生的,从而可以处理动态系统中带时间约束的行为。时间自动机通过使用有限个真值时钟变量提供了一个简单而全面的方法来表示有时间约束的状态转换图。时间自动机的所有时钟在系统开始时从 0 开始计时,并以固定的速率增加。每一次状态的转换都有可能复位一些时钟。时间自动机的控制放在一个状态的命题属性和时钟满足相应通信约束的状态里。

通常,使用标有事件标记的状态转换图对系统进行建模。

3.1.1　转换系统和有时间约束的转换系统

一个转换系统[50-51] S 是一个四元组 $\langle Q, Q^0, \Sigma, \rightarrow \rangle$。这里,$Q$ 是一个状态集合;$Q^0 \subseteq Q$,是一个初始状态集合;Σ 是一个标记(或事件)集合;$\rightarrow \subseteq Q \times \Sigma \times Q$,是一个转换集合。将→中的一个转换 $<q, a, q'>$ 记为 $q \xrightarrow{a} q'$。系统从一个初始状态开始,$q \xrightarrow{a} q'$ 表示从状态 q 转换到 q' 发生事件 a。如果对某个事件 a,$q \xrightarrow{a} q'$,那么记之为 $q \rightarrow q'$。如果 $q \rightarrow^* q'$,则表示从状态 q 到状态 q' 是可达的。如果状态 q 是从某个初始状态可达的,那么状态 q 就是转换系统中的一个可达状态。

一个复杂系统可以被描述成几个转换系统相互作用的积,$S_1 = \langle Q_1, Q_1^0, \Sigma_1, \rightarrow_1 \rangle$ 和 $S_2 = \langle Q_2, Q_2^0, \Sigma_2, \rightarrow_2 \rangle$ 是两个转换系统,那么它们的积 $\langle Q_1 \times Q_2, Q_1^0 \times Q_2^0, \Sigma_1 \cup \Sigma_2, \rightarrow \rangle$ 是这样一个记为 $S_1 \parallel S_2$ 的转换系统,这里 $(q_1, q_2) \xrightarrow{a} (q_1', q_2')$,

当且仅当（Ⅰ）$a \in \Sigma_1 \cap \Sigma_2$ 且 $q_1 \xrightarrow{a}{}_1 q'_1, q_2 \xrightarrow{a}{}_2 q'_2$，或者（Ⅱ）$a \in \Sigma_1 \setminus \Sigma_2$ 且 $q_1 \xrightarrow{a}{}_1 q'_1, q'_2 = q_2$，或者（Ⅲ）$a \in \Sigma_2 \setminus \Sigma_1$ 且 $q_2 \xrightarrow{a}{}_2 q'_2, q'_1 = q_1$。由此可以看出，同时属于两个自动机字母表的事件标识是同步的。

为了表示带时间约束的系统行为，将有穷图扩充为带有实数值时钟的有穷集，图的顶点称为位置，边称为迁移（转移）。迁移是瞬时的，但时间可以在一个位置流逝。时钟可以随任意迁移同时重置为零。在任一时刻，时钟读出的值等于它上次重置为零时所流逝的时间。对于每一个迁移给一个时钟约束并要求只有在当前的时钟值满足这个约束时迁移才能发生。对于每一个位置给一个时钟约束，称之为不变式（invariant，inv），并要求仅当不变式为真时，时间可以在这个位置上。

3.1.2　时间自动机的定义

在给出时间自动机的形式化定义之前，需要对状态迁移过程中时钟约束的类型加以说明，最简单的一个时钟约束是将时钟值和一个时间常量进行比较，非负有理数集 **Q** 中的任意一个值均可作为时间常量，时间约束段仅仅是上述形式的布尔结合。

定义 1　时钟约束[50-51]

对于一个时钟集 X，时钟约束 δ 的集合 $\Phi(X)$ 的定义如下：

$$\varphi := x \leqslant c \mid c \leqslant x \mid \neg\ \varphi \mid \varphi_1 \wedge \varphi_2$$

式中，x 是 X 中的一个时钟；c 是 Q 中的一个常量。

以下的几个时钟约束，如 true，$(x=c)$，$x \in [2,5)$，可以看成一种缩写的时钟约束。

一个时钟解释 v 是为时钟集 X 中的每一个时钟赋予的一个实数值，也就是说，它是从 X 到非负实数集 **R** 的一个映射。X 的一个时钟解释 v 满足 X 中的一个时钟约束 φ，当且仅当使用 v 给出的值时，φ 为真。

对于 $t \in \mathbf{R}$，$v+t$ 表示一个时钟解释，它把每一个时钟 x 映射为 $v(x)+t$，时钟解释 $t \cdot v$ 将每一个时钟赋值为 $t \cdot v(x)$，对于 $Y \subseteq X$，$[Y \mapsto t]v$ 表示对于任意的 $x \in Y$，X 中的时钟解释都对 x 赋值为 t，并且 v 同样满足余下的时钟。

现在给出时间自动机的基本定义的语法和语义，使用下列标识：C 是时钟集；$B(C)$ 是形如 $x \sim c$ 或 $x-y \sim c$ 的简单条件合取集，这里 $x, y \in C$，$c \in V$，$\sim \in \{\leqslant, \geqslant, =, <, >\}$。一个时间自动机就是一个带非负时钟值重置条件的有向图。

定义 2(时间自动机)[50-52] 时间自动机是一个六元组(L,l_0,C,A,E,I)其中。L是有限位置的集合;$l_0 \in L$,是初始位置;C是有限时钟集;A是带有α转换动作的动作集;$E \subseteq L \times A \times B(C) \times 2^C \times L$,是位置之间带有动作、使能条件和被清零的时钟集的边的集合;$I:L \to B(C)$,是为位置指定不定式的函数。

下面给出时间自动机的语义:一个时钟解释$u:C \to \mathbf{R} \geqslant 0$是一个从时钟集指向非负实数的函数,用$\mathbf{R}^C$来代表所有时钟解释集合,对于所有的$x \in C$,令$u_0(x)=0$,$u \in I(l)$表示$u$满足$I(l)$。

定义 3(时间自动机的语义) 令(L,l_0,C,A,E,I)是一个时间自动机,它的语义被定义成一个转换系统$\langle S,s_0,\to \rangle$。这里,$S \subseteq L \times \mathbf{R}^C$,是状态的集合;$s_0=(l_0,u_0)$,是初始状态;$\to \subseteq S \times \{\mathbf{R} \geqslant 0 \cup A\} \times S$,是转换关系。定义如下:

$(l,u) \xrightarrow{d} (l,u+d)$,如果$\forall d':0 \leqslant d' \leqslant d \Rightarrow u+d' \in I(l)$,并且$(l,u) \xrightarrow{a} (l',u')$。如果存在$e=(l,a,g,r,l') \in E$, s.t. $u \in g, u'=[r \mapsto 0]u$,并且$u' \in I(l)$,这里$d \in \mathbf{R} \geqslant 0$,$u+d$将一个时钟集$C$中的$x$时钟映射成值$u(x)+d$,$[r \mapsto 0]u$代表将每个$r$中的时钟置为 0 的时钟解释,并且满足$u$是$C/r$上的。

3.1.3 时间自动机积的构造

下面我们给出时间自动机积的构造方法,那么一个复杂的系统可以定义为几个系统部件的积。令$A_1=\langle L_1,L_1^0,\Sigma_1,X_1,I_1,E_1 \rangle$和$A_2=\langle L_2,L_2^0,\Sigma_2,X_2,I_2,E_2 \rangle$表示两个时间自动机,假定时钟集$X_1$和$X_2$是不相交的,那么用$A_1 || A_2$来表示它们的积,是这样的自动机$\langle L_1 \times L_2, L_1^0 \times L_2^0, \Sigma_1 \cup \Sigma_2, X_1 \cup X_2, I, E \rangle$,这里$I(s_1,s_2)=I(s_1) \wedge I(s_2)$,并且迁移定义如下:

(1)对于$a \in \Sigma_1 \cap \Sigma_2$,每一个$E_1$中的迁移$\langle s_1,a,\varphi_1,\lambda_1,s_1' \rangle$和每一个$E_2$中的迁移$\langle s_2,a,\varphi_2,\lambda_2,s_2' \rangle$,$E$包含$\langle (s_1,s_2),a,\varphi_1 \wedge \varphi_2,\lambda_1 \cup \lambda_2,(s_1',s_2') \rangle$。

(2)对于$a \in \Sigma_1 \backslash \Sigma_2$,每一个$E_1$中的迁移$\langle s,a,\varphi,\lambda,s' \rangle$和每一个$L_2$中的$t$,$E$包含$\langle (s,t),a,\varphi,\lambda,(s',t) \rangle$。

(3)对于$a \in \Sigma_1 \backslash \Sigma_2$,每一个$E_2$中的迁移$\langle s,a,\varphi,\lambda,s' \rangle$和每一个$L_1$中的$t$,$E$包含$\langle (t,s),a,\varphi,\lambda,(t,s') \rangle$。

那么,积中的位置就是一组部件的复合位置,复合位置的不变式就是所有部件位置不变式的合取,迁移的发生是通过拥有同一标识的同步迁移发生而实现的。

3.1.4　时间自动机网络

一个复杂系统可以被描述成几个时间自动机相互作用的积，在 UPPAAL 中，其被称为几个时间自动机组成的网络，即一个复杂系统可以建模成几个时间自动机组成的网络，模型使用有限离散变量作为状态的一部分，并且使用这些变量就像使用编程语言一样：它们可读、可写，并且使用一般的数学操作数。系统的一个状态由所有时间自动机的位置、时钟和离散变量来定义。每个时间自动机可以独立地通过边进行迁移或与其他自动机同步迁移，从而进入一个新的状态。

带有时钟集和动作集的时间自动机经常被组合成一个时间自动机网络，$A_i=(L_i,l_i^0,C,A,E_i,I_i)(1\leqslant i\leqslant n)$是由 n 个时间自动机构成的时间自动机网络，向量$\bar{\boldsymbol{l}}=(l_1,\cdots,l_n)$是一个位置向量，用$I(\bar{\boldsymbol{l}})=\wedge_i I_i(l_i)$表示不定式函数组合成的普通函数，用$\bar{\boldsymbol{l}}[l_i'/l_i]$代表$\bar{\boldsymbol{l}}$中第 i 个元素 l_i 被 l'_i 取代。接下来给出时间自动机网络的定义。

定义 4（时间自动机网络）　$A_i=(L_i,l_i^0,C,A,E_i,I_i)$是一个由 n 个时间自动机构成的网络，$\bar{\boldsymbol{l}}_0=(l_1^0,\cdots,l_n^0)$表示初始位置的向量。时间自动机网络的语义可以定义成一个转换系统$\langle S,s_0,\rightarrow\rangle$。其中，$S=(L_1\times\cdots\times L_n)\times\mathbf{R}^C$，是状态的集合；$s_0=(\bar{\boldsymbol{l}}_0,u_0)$，是初始状态；$\rightarrow\subseteq S\times S$，是转换关系。定义如下：

$(\bar{\boldsymbol{l}},u)\rightarrow(\bar{\boldsymbol{l}},u+d)$，如果$\forall d':0\leqslant d'\leqslant d\Rightarrow u+d'\in I(\bar{\boldsymbol{l}})$。

$(\bar{\boldsymbol{l}},u)\rightarrow(\bar{\boldsymbol{l}}[l_i'/l_i],u')$，如果存在 $l_i\xrightarrow{\alpha gr}l_i'$　s. t. $u\in g,u'=[r\mapsto 0]u$，并且 $u'\in I(\bar{l})$。

$(\bar{\boldsymbol{l}},u)\rightarrow(\bar{\boldsymbol{l}}[l_j'/l_j,l_i'/l_i],u')$，如果存在 $l_i\xrightarrow{c?\ g_ir_i}l'_i$ 和 $l_j\xrightarrow{c!\ g_jr_j}l_j'$　s. t. $u\in(g_i\wedge g_j)$，$u'=[r_i\cup r_j\mapsto 0]u$，并且 $u'\in I(\bar{\boldsymbol{l}})$。

图 3.1(a)是一个简单的照明灯系统的时间自动机模型，照明灯有 3 个状态：off（关闭）、low（暗）和 bright（亮）。如果用户按下按钮（press），通过同步操作 press?，那么灯会被打开；如果用户再一次按下按钮，那么灯就会熄灭；如果用户动作很快地连续两次按下按钮，那么灯就会变得更加明亮。图 3.1(b)是用户的时间自动模型，用户可以在任一时间任意次数地按下按钮，或者也可以不按按钮，时钟 y 就是用来检测用户的动作是快($y<5$)还是慢($y>=5$)的。图中，idle 表示灯处于空闲状态。

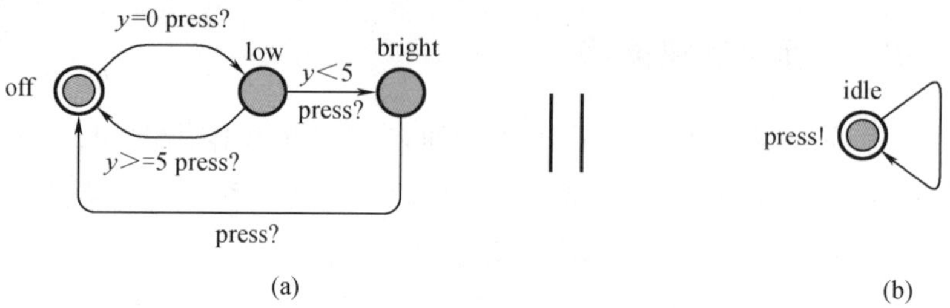

图 3.1 照明灯例子

3.2 自动验证工具 UPPAAL

UPPAAL 适用于可以被描述为非确定的过程所组成的集合的系统，每一个过程被描述为由有限控制结构、实数值时钟和变量组成的时间自动机，过程之间通过通道和(或)共享变量来进行通信。典型的应用包括动态控制、对时间要求较高领域的通信协议。它主要通过搜索系统的状态空间来验证不变式和系统可达性。

3.2.1 UPPAAL 简介

UPPAAL 使用的是客户端/服务器(client/server, C/S)的体系结构。该工具可以分为图形用户界面(graphical user interface, GUI)和模型检测引擎。用户界面或是客户端要在 Java 运行环境下执行，而引擎或者说是服务器可以在不同的平台(Linux、Windows、Solaris)下编译，这两个部件可以通过 TCP/IP 进行通信，从而在不同的机器上运行。目前也已经发布了通过使用命令行可以独立运行的引擎版本。

1. Java 客户端

这个工具的设计思想就是通过使用图形编辑器为系统建立时间自动机模型，模拟系统并确认其行为是否满足预期需要，最后通过一系列属性来检测它的正确性。Java 客户端图形用户界面就反映了这种思想，它包括 3 个主要部分：编辑器(editor)、模拟器(simulator)、验证器(verifier)。

(1)编辑器

一个系统被定义成一个时间自动机网络，在 UPPAAL 里其被叫作并发的系列进程,而进程通过参数模板完成实例化。在这里可以绘制各个进程的时间自动机模型,并可以访问系统描述的不同部分,包括全局变量的声明、模型、进程分配和系统定义。

(2)模拟器

在模拟器里,用户可以人工运行系统,选择执行的迁移。随机模式可以让系统自动运行,用户还可以通过运行轨迹来确定状态是否可达。它由 4 个部分组成:控制端、变量视图、系统视图和消息序列表。

(3)验证器

用户可以对系统的 1 个或几个属性进行模型检测。在轨迹产生器准备就绪后,模型检测器会找到一条轨迹并询问用户是否输出给模拟器,之后系统所满足的属性检测的标识就会为绿色,不满足的属性检测的标识就会为红色。

2. 独立验证器

当执行大的验证任务时,若在 GUI 里执行通常效率较低,在这种情况下就更适合使用独立命令验证器(verifyta)执行,它可以很轻易地在远程 Unix 机器上运行验证任务,并且接受 GUI 提供的所有命令行。

3.2.2　UPPAAL 所接受的时间自动机

在 UPPAAL 中,通常使用带有时钟变量和数据变量的有限状态自动机来描述动态系统的进程,并用由这种自动机组成的网络来描述动态系统。

1. UPPAAL 里的时间自动机

Alur 和 Dill 提出的时间自动机理论是标准的有限状态自动机带时钟变量的扩展。为了更有效、更容易地完成系统建模,将时间自动机扩展,使其带有一般类型的数据变量,如布尔型、整型变量。此处要求数据变量的值是有限的,从而保证验证过程能够终止。

具体为以下形式:$l \xrightarrow{g,a,\Phi} l'$,这里 g 是对时钟变量简单的线性约束,Φ 是重置为零的时钟集合。$l \xrightarrow{g,a,\Phi} l'$的意思是处在控制位置 l 的进程,当 g 在当前时钟值下为真时可以立即执行转换,到达控制位置 l'且 Φ 中的时钟被重置,g 被称为使能条件(guard)。在 UPPAAL 中允许将对数据变量的约束作为使能条件的一般形式,并对时间自动机时钟的重置操作进行扩展,使其也可对数据变量进行重置。

现在,用 C 来表示有限时钟变量集,包含 x、y、z 等时钟变量;用 V 来表示有限数据变量集，包含 i、j、k 等数据变量。

(1)带时钟和数据变量的使能条件

使能条件为值和变量值在发生边的迁移时所必须满足的条件。使用 $G(C,V)$ 来表示包含 g 的公式集，可以得出以下语法：$g::=a \mid g \wedge g$，这里的 a 为以下形式的约束条件：$x \sim n$ 或 $x-y \sim n$，或者 $i \sim j$ 或 $i-j \sim k$。其中，$x,y \in C$；$i,j \in V$，$\sim \in \{\leqslant, \geqslant, =, <, >\}$；$n$ 为自然数；k 为任意的整数。缺省的使能条件为真。G 为使能条件集(guards)。用 # 来表示如 $x \geqslant 0$ 等永远为真的使能条件(时钟变量 x 只能是非负数)。

(2)重置操作

当一条边发生迁移时，对时钟变量和数据变量可以进行简单的操作，使用按照重置集(resets)如 $\omega:=ex$ 的形式进行赋值操作，这里 ω 为时钟变量或数据变量，ex 为表达式。对于时钟变量的重置操作形如 $x:=n$，其中 n 为自然数，对于整型变量的重置操作形如 $i:=c*j+c'$，其中 c、c' 为整型常量(c、c' 也可能为负数或零)。用 R 来表示所有可能的重置操作集。

(3)通道、紧迫通道和同步

一个 UPPAAL 模型由一个扩展了的时间自动机网络组成，各自动机之间通过全局变量或通道进行通信，使用 $a!$ 和 $a?$ 来表示自动机之间相互同步时执行的动作，分别代表通过通道发送和接收所执行的动作。为了防止网络中两个已经准备好同步的部件在某一位置上出现延迟，可以将通道定义为紧迫通道，所谓紧迫通道就是当这个转换能发生时，它可以无延迟地发生。紧迫通道对应的转换不能有时钟约束，但是可以有数据约束。用 A 表示所有通道的集合；U 表示紧迫通道集，是 A 的一个子集；$A'=\{\alpha? \mid \alpha \in A\} \cup \{\alpha! \mid \alpha \in A\}$，代表进程执行同步动作的动作集；$name(a)$ 代表执行动作 a 的通道名，定义成 $\mathrm{name}(\alpha?)=\mathrm{name}(\alpha!)=\alpha$

(4)不变式

为了强化系统的进度，可以将控制位置称为 invariant 的时钟约束表达式，并对其进行修饰，它表示控制停留在某一特定位置的时钟约束值，为以下形式的合取式 $x<e$ 或 $x<=e$。其中，x 为时钟变量；e 执行的值为整数；缺省的位置 invariant 为真。语法为

$$\mathrm{inv}::=x<e \mid x<=e \mid \mathrm{inv},\mathrm{inv}$$

(5)紧迫位置(urgent location)

紧迫位置在语义上相当于增加了一个额外的时钟变量 x，在所有边输入时

进行 $x:=0$ 的重置,并在此位置上有个不变式 $x<=0$,也就是说,当系统处在紧迫位置时,不允许有时间延迟。

(6)坚定位置(committed location,标记为 C)

坚定位置在执行上比紧迫位置更加严格,为了给出时间自动机里坚定位置的概念,先给出如图 3.2 所示的场景,一个发送器 S 将消息广播发送给两个接收器 R1 和 R2(图中,R11、R12 和 R21、R22 分别为 R1、R2 的两个子状态)。在 UPPAAL 里,同步是基于两个进程的完整动作,3 个进程之间的同步要求就无法表示,然而可以将这种同步操作分为两步:首先发送器 S 通过 m1 与 R1 同步,然后通过 m2 与 R2 同步,但是这种模型并不能准确地表示这种广播发送的原子性(比如,其他进程可以在广播发送序列中介入)。为了确保原子性,给发送器的中间 S2 标识为坚定位置(在其位置上附加一个 C),处在坚定位置的迁移必须立刻完成并马上离开,这样就可以确保动作序列 m1! 和 m2! 的原子性。

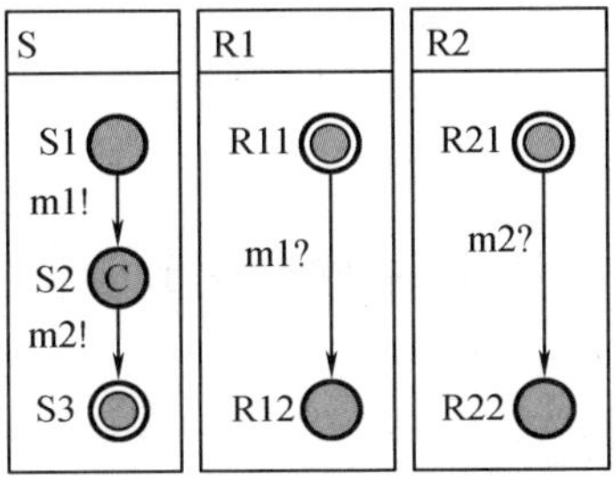

图 3.2　坚定位置场景

一个状态是坚定的意味着所有处在这个状态的位置都是坚定的。坚定状态没有延迟,并且下一个迁移必须即刻离开所有的坚定位置。使用坚定位置可以确保转换执行的原子性,减少状态空间,但是要慎重使用它,因为它可能会导致死锁。

(7)带有时间变量和数据变量的时间自动机

现在,给出带有数据变量和重置操作扩展了的时间自动机的形式。

定义 1[41]　一个带有动作 A'、时钟变量 C 和数据变量 V 的自动机是一个三元组 $<N,l_0,E>$。其中,N 为有限位置(控制位置)集;l_0 为初始位置;$E\subseteq N\times G(C,V)\times A'\times 2^{\mathbf{R}}\times N$,为相应的边集。为了给紧迫情况下的进程建模,要求带有紧迫动作的边的使能条件始终为真,如若 a 为紧迫动作,$<l,g,a,r,l'>\in E$,那么 $g\equiv\#$,在这个例子里,$<l,g,a,r,l'>\in E$,可以写成 $l\xrightarrow{g,a,r}l'$,它表示带有使能条件

g 从位置 l 转换到 l' 的转移，并且此转移执行了动作 a，重置操作 r 更新了变量的值。3 种标识是可选择的(optional)。

(8)并发和同步

为了给多个进程建模，将为自动机提供一种像通信系统演算(calculus of communicating systems，CCS)一样的并行组合操作数。假定 $A_1,\cdots,A_n$ 是一组拥有时钟变量和数据变量的自动机，用 $\overline{\boldsymbol{A}}$ 来代表它们的并行组合，组合部件 $A_1,\cdots,A_n$ 中所有的动作都被限制，即

$$(A_1 \mid \cdots \mid A_n)/A$$

部件 A_i 之间只允许同步动作发生，则 $\overline{\boldsymbol{A}}$ 叫作自动机的网络，可以简单地将 $\overline{\boldsymbol{A}}$ 看作一个向量，A_i 就代表第 i 个部件。

2. UPPAAL 所使用的表达式

UPPAAL 里的表达式包括时钟变量和整型变量，表达式通常用在使能条件下的同步操作、赋值操作和不变式中。表达式的巴克斯-诺尔范式(Backus-Naur Form，BNF)语法如下：

```
Expression :: = ID | NAT
                |Expression' [' Expression' ]'
                |' ( ' Expression ' )'
                |Expression ' ++' | ' ++' Expression
                |Expression ' --' | ' --' Expression
                |Expression AssignOp Expression
                |UnaryOp Expression
                |Expression BinaryOp Expression
                |Expression ' ?' Expression ' :' Expression
                |Expression ' .' ID
UnaryOp :: = ' -' | ' !' | ' not'
BinaryOp :: = ' <' | ' <=' | ' ==' | ' !=' | ' >=' | ' >'
              | ' +' | ' -' | ' *' | ' /' | ' %' | ' &'
              | ' |' | ' ^' | ' <<' | ' >>' | ' &&' | ' ||'
              | ' <?' | ' >?' | ' and' | ' or' | ' imply'
              AssignOp :: = ' :=' | ' +=' | ' -=' | ' *=' | ' /=' | ' %='
              | ' |=' | ' &=' | ' ^=' | '<<=' | '>>='
```

3. UPPAAL 里的查询语言

一个模型检测工具的最主要的目的就是验证模型的需求描述。同模型一样,这些描述也必须表示成能被识别的形式化的语言,当前科学文献中使用的逻辑式有多种,UPPAAL 中使用较简单版本的 CTL。与 CTL 一样,查询语言由路径公式和状态公式组成,状态公式描述单独的状态,而路径公式量化模型的路径或轨迹。路径公式的属性包括可达性、安全性和活性。

(1)状态公式

状态公式是指无法从模型执行的行为看出,而可以被状态执行的表达式,例如,一个简单的表达式 $i==7$,无论何时,i 等于 7 这个表达式在这一状态都为真。状态公式的语法是那些使能条件的超集,如为了与使能条件下对比,它不限制使用析取式,使用形如 $P.l$ 的表达式,它同样可以测试一个特殊的进程是否在给定的端点里,这里 P 为进程,l 为端点。

在 UPPAAL 中,用一个特殊的状态公式来表示死锁(虽然严格来说它不是一个状态公式)较为简单,仅由关键字 deadlock 和所有满足死锁的状态组成。一个状态是死锁的是指它没有指向它本身或者是它的延续后继状态的输出动作迁移。

(2)可达性

可达性是属性中形式最简单的,它们所查询的是:是否存在一个给定的状态公式 φ 可能被任一可达的状态满足。另外一种说法是:是否存在一条由初始状态开始的路径,令 φ 最终可以满足这条路径。

我们使用 $E\Diamond\varphi$ 来表示一些满足 φ 的状态将是可达的,在 UPPAAL 中,使用语法 $E<>\varphi$ 来写这种属性。

(3)安全性

安全性是指坏的事情永远都不会发生。比如,一个核能工厂的模型,它的安全性可能就是运行温度永远在一定的极限温度以下,或是灾难永远不会发生。

在 UPPAAL 中,这种属性是被正向描述的,如好的事情永远为真。φ 为一个状态公式,路径公式 $A[\,]\varphi$ 表示所有可达的状态 φ 均为真,$E[\,]\varphi$ 是指存在一条最大的路径令 φ 总是为真。

(4)活性

活性是指某件事情最终会发生,如无论何时发送消息,最终它都会被接收。活性被表示成 $A<>\varphi$,意思就是 φ 最终会满足,也可以表示成 $\varphi-->\psi$,读作:无论

φ 何时满足,则 ψ 最终将会满足。

综上所述,其查询语句可以总结如下:

E< >p:存在一条路径,p 最终成立。

A[ ]p:对于所有的路径,p 总是成立。

E[ ]p:存在一条路径,p 总是成立。

A< >p:对于所有的路径,p 最终成立。

p-->q:无论 p 何时成立,q 最终成立。

3.3 本章小结

本章给出了时间自动机的语法和语义。由于复杂系统通常被表示为多个相互通信的时间自动机,故又给出时间自动机网络的定义。此外,本章简单介绍了基于时间自动机的验证工具 UPPAAL,并对其所接受的时间自动机、所使用的表达和查询语言进行了简单的介绍。

第 4 章　XYZ/RE 到时间自动机的映射

当设计一个复杂系统时,XYZ/RE 是可描述系统进程的功能强大的语言,而时间自动机是一种基于图形的可以捕获系统时间控制行为的卓越工具。将 XYZ/RE 所描述的系统进程直接转换为时间自动机,可以准确地捕获动态系统功能和控制行为。

4.1　对 XYZ/RE 的扩展和约束

由于时间自动机中位置的转换判断条件是数据和(或)时钟,所以在转换的过程中必须对 XYZ/RE 语句做一些扩充和约束。XYZ/RE 语句中没有给出具体的时钟变量的定义,只给出了一条语句执行的时间上、下限$\{l,u\}$,为了能够显著地表明时间的变化,我们在 XYZ/RE 语言中引入时钟变量,定义为 clock: x, y。那么一条带有时间限的语句在执行时的时钟变量范围即为 $l \leqslant \mathrm{x} \leqslant u$。时钟变量的引入并不会改变 XYZ/RE 语言的含义,只是在进行进程转换时能够更加准确、直观。

约束如下(以下约束针对 UPPAAL 4.1.9 版本[16]所能接受的赋值形式和表达式):

XYZ/RE 语言条件部分 R,仅为数据变量值的判断和(或)时钟值的判断,即

$$R::=R\_\mathrm{clock} \mid R\_\mathrm{data} \mid R,R$$

$$R\_\mathrm{clock}::=x<n \mid x<=n \mid x==n \mid x>=n \mid x>n$$

$$R\_\mathrm{data}::=ex<=ex \mid ex<ex \mid ex==ex \mid ex \neq ex \mid ex>=ex \mid ex>ex$$

$$ex::=n \mid v[ex] \mid -ex \mid ex+ex \mid ex-ex \mid ex*ex \mid ex/ex$$

式中,n 为自然数;$v[ex]$为变量表达式。为了保证 XYZ/RE 语言中的数据变量

类型与 UPPAAL 中的数据变量类型一致，定义数据变量时只能将其定义成整型。约束后，R 在转换时就可以映射成使能条件 g。

将实时语句中的动作部分 Q 分为两个部分：Q_a 和 Q_r。

$$Q::=Q\_a \mid Q\_r \mid Q,Q$$

$$Q\_a::=a! \mid a?$$

$$Q\_r::=x:=n \mid i:=ex$$

式中，$x:=n$ 表示对时钟变量的重置；$i:=ex$ 表示对数据变量的赋值。约束后，在执行动作时，限制 XYZ/RE 语句的执行动作为时钟变量和(或)数据变量的赋值及消息的发送和接收。根据约束，可将 Q_a 映射为位置转移过程中所执行的动作 a，将 Q_r 映射为位置转移过程中的重置操作 r。

4.2 XYZ/RE 到时间自动机的映射规则

在给出映射规则之前，我们对语句的时间限基于下面两点进行假设[53]：

(1)对于简单状态转换，认为时间短到可以忽略，因而时间上限为 0。

(2)对于条件的判断，认为时间是瞬时可忽略的。

根据以上假设，本书第 2 章 XYZ/E 命令形式式(2.5)即可写为

$$\mathrm{LB}=y \land R => @\{0,u\}(Q \land \mathrm{LB}=z) \tag{4.1}$$

在时间限$\{0,u\}$中，u 表示实际执行所允许的最长时间，语法如下：

$$u::=x<u \mid x<=u \mid u,u$$

在映射的过程中，u 只能取整数，那么 u 可以映射为控制端点的 invariant 的范围值。

另外，XYZ/E 中有些连接词与 UPPAAL 中的连接词语义相同，但表示方法不同，在转换为时间自动机时，我们将条件元中的连接词按表 4.1 做相应的转换。

表 4.1　符号对应表

名称	XYZ/E 中的连接词	UPPAAL 中的连接词
合取词	∧	&&
析取词	$ ∨	‖

表 4.1(续)

名称	XYZ/E 中的连接词	UPPAAL 中的连接词
否定词	~	not
赋值	=	:=
不等	≠	!=

语句中,标识与条件元中条件部分的连接词“∧”不按表 4.1 进行转换,即以上转换仅针对命令形式式(4.1)中 R、Q 中出现的连接词。

根据以上扩展和约束机制,我们得出以下转换:

(1)基本命令语句

LB=L_0∧R=>$ O {0,u}(Q∧LB=L_1),可转换为图 4.1。

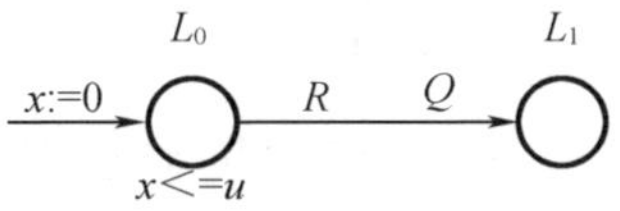

图 4.1　基本命令语句转换后对应的时间自动机

(2)RBE 语句

LB=L_0∧R=>M $ U{0,u}(N∧LB=L_1),转换为图 4.2。

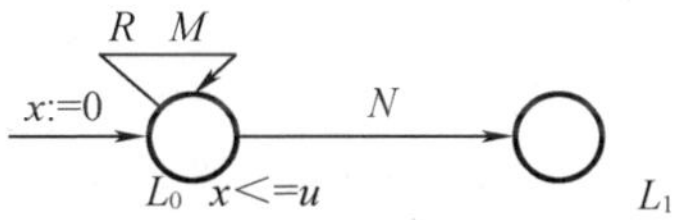

图 4.2　RBE 语句转换后对应的时间自动机

(3)RSE 语句

①分情形语句

? {0,u}[LB=L_0∧R_1=>$ OLB=Label_1

　　　　| R_2=>$ OLB=Label_2

　　　　……

　　　　| R_k=>$ OLB=Label_k;

　LB=Label_1{|Q_1|} $ OLB=EXIT;

　LB=Label_2{|Q_2|} $ OLB=EXIT;

……

LB= $Label_k$ { | Q_k | } \$ OLB=EXIT,转换为图 4.3。

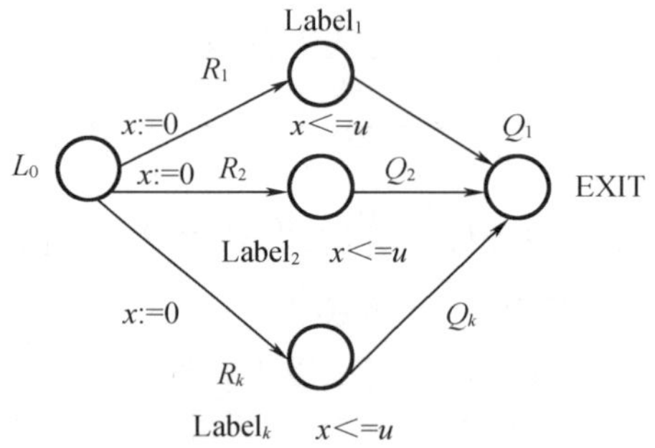

图 4.3　分情形语句转换后对应的时间自动机

②循环语句

$*\{0,u\}$[LB=Entry ∧ R=>(\$ OLB=NEXT | \$ OLB=EXIT);

LB=label{ | R | } \$ OLB=Entry],转换为图 4.4。

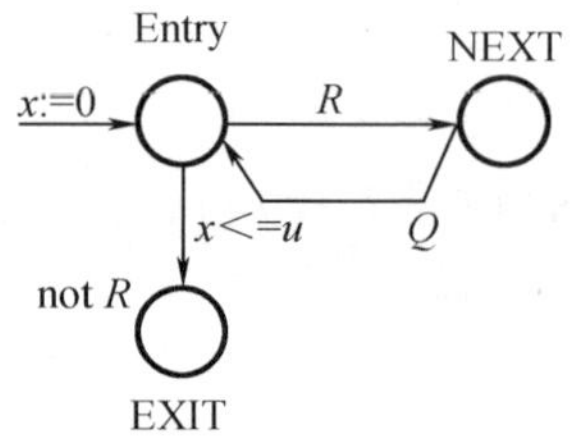

图 4.4　循环语句转换后对应的时间自动机

③S 条件语句

LB= L_0 ∧ R=> \$ O{0,u}(Q_1 ∧ LB=NEXT | Q_2 ∧ LB=NEXT),转换为图 4.5。

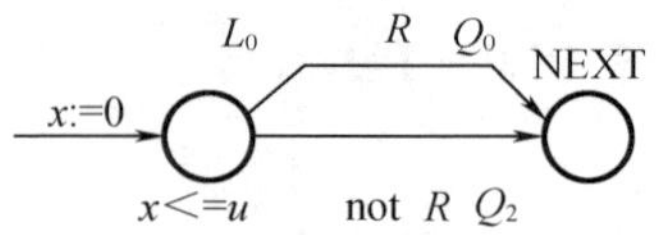

图 4.5　S 条件语句转换后对应的时间自动机

④等待语句

LB= $L_0 \wedge R$=>M \$ U{0,u}($N \wedge$ LB=NEXT),转换为图 4.6。

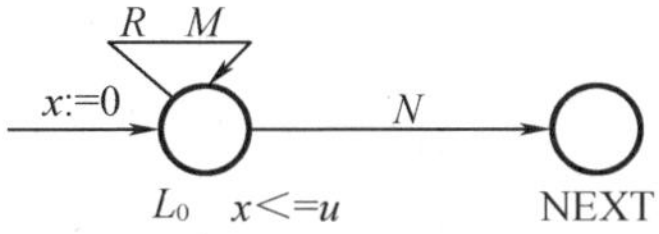

图 4.6　等待语句转换后对应的时间自动机

⑤继续语句

LB=Entry{0,u}{|>>[s_1;…;s_m]|} \$ OLB=NEXT,转换为图 4.7。

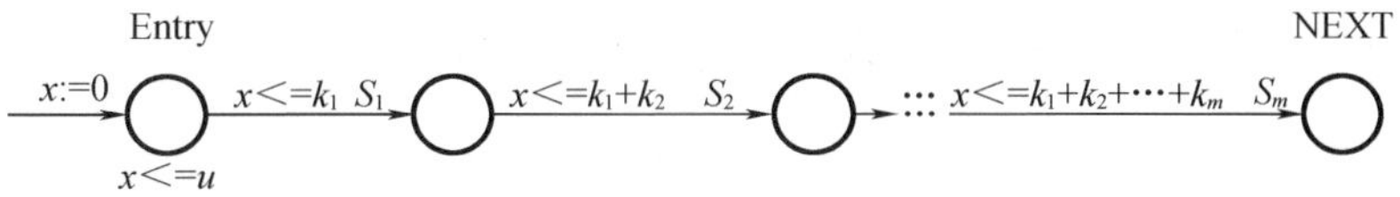

图 4.7　继续语句转换后对应的时间自动机

其中 u>= $k_1+k_2+\cdots+k_m$。

(4)通道命令输入

LB= $L_0 \wedge R$=> \$ O {0,u}(ChNm? mes $\wedge$ LB= L_1),转换为图 4.8。

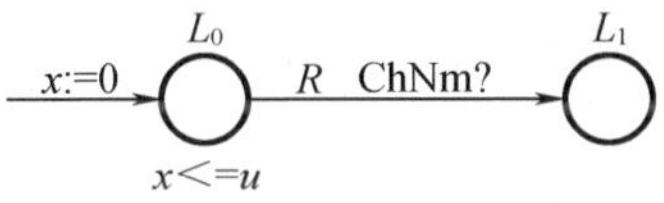

图 4.8　通道命令输入语句转换后对应的时间自动机

(5)通道命令输出

LB=$L_0 \wedge R$=> \$ O {0,u}(ChNm! mes $\wedge$ LB= L_1),转换为图 4.9。

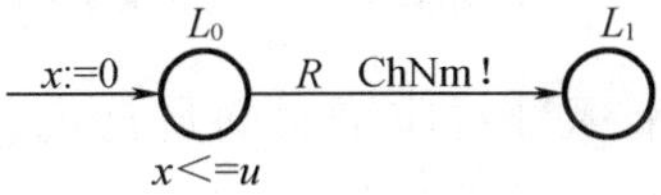

图 4.9　通道命令输出语句转换后对应的时间自动机

(6)选择语句

LB= $L_0 \wedge R$ =>!! {0,u}[$Cond_1$ |>$ExeAct_1$,…, $Cond_k$ |>$ExeAct_k$],转换为

图 4. 10。

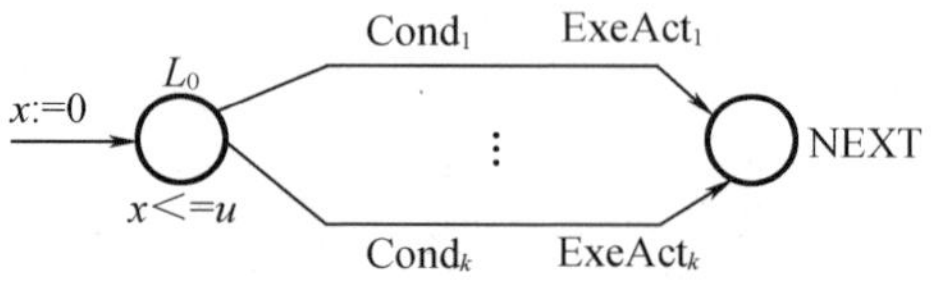

图 4.10 选择语句转换后对应的时间自动机

(7)同步语句

$$LB = L_0 \wedge R => \$ \ O \ \{0,u\}(Q_1 \wedge Q_2 \wedge LB = L_1)$$

在 UPPAAL 中,3 个进程之间要求同步不能够直接表示,为了能够保证动作执行的原子性,可以增加一个中间的位置,并将其定义为约束位置(在位置上有一个附加标识 C),则上述语句可以转换为图 4. 11。

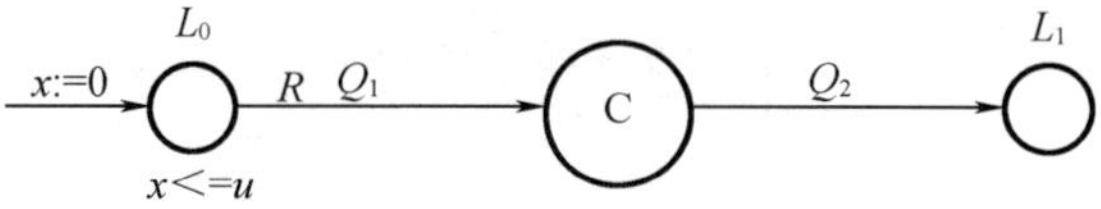

图 4.11 同步语句转换后对应的时间自动机

(8)并行语句

$LB = L_0 \wedge R => || \{0,u\} [\mathrm{Pros}_1, \cdots, \mathrm{Pros}_k]$,转换为这些进程所对应的时间自动机组成的网络,如图 4. 12 所示。

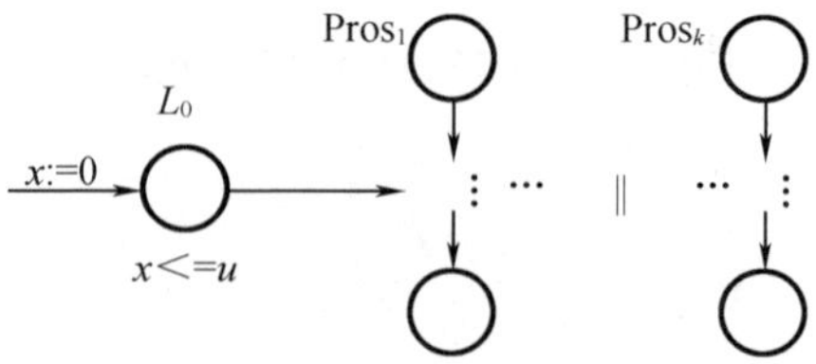

图 4.12 并行语句转换后对应的时间自动机

注:①XYZ/RE 中每一个标号对应于时间自动机的一个控制位置,位置名用标号来标识。

②若下一个控制位置带有 invariant,则此转换动作中默认有形如 $x:=0$ 的时钟重置操作。

③若执行语句的时间上限 u 为 0,可以将此语句转换前对应的位置定义为

紧迫位置(初始位置除外)。

④XYZ/RE 程序从一个标号执行到另一个标号,对应于时间自动机从一个位置迁移到另一个位置。

⑤XYZ/RE 实时语句中的 NEXT 和 EXIT 标号实际上分别表示该语句结束后紧接着的下一个标号和该段语句结束后紧接着的下一个标号。在实际程序中,这些标号都可以用具体的标号来替换,之所以使用它们只是为了增加程序的可读性,其本身没有意义。

⑥等待语句中,在 N 不成立时,一直执行 M 动作;在 N 成立时,进入 L_1 状态。当 M 为空时,实际上相当于空等待。

⑦在通道命令输入和输出中,为了与 UPPAAL 中的通道执行动作形式一致,转换成时间自动机的动作部分时,将传输消息名省略,直接使用 ChNm? 和 ChNm! 来表示接收到一个消息和发送了一个消息。

⑧选择语句根据不同的条件执行相应的动作,转换后的状态可能相同也可能不同,统一用 NEXT 标号标识。

4.3　本章小结

本章将 XYZ 实时子语言 XYZ/RE 映射为时间自动机,并经过一定的扩展和约束使得映射更加精确。通过这样的映射,我们在使用 XYZ/RE 的时序逻辑语言描述动态系统后,就可以直接利用基于时间自动机的验证工具对系统的安全性、活性和可达性进行验证。

第 5 章　家居生活动态系统的描述及验证

本章使用 XYZ/RE 来描述两种动态系统——煤气炉控制系统和咖啡机控制系统。其中,煤气炉控制系统属于典型的硬实时动态系统,而咖啡机控制系统属于典型的软实时动态系统。在设计阶段对这两类动态系统进行准确描述可以确保系统的安全性和正确性。将系统的各个进程用 XYZ/RE 描述完后再利用 XYZ/RE 到时间自动机的映射规则,将各个进程转化为时间自动机。转化后,利用自动验证工具 UPPAAL 对这两类系统的相关属性进行验证。

5.1　煤气炉控制系统

一个煤气炉装置[54]如图 5.1 所示,由以下几个部分组成:控制器(controller)、气流传感器(gasflow sensor)、火焰检测器(flame detector)、点火转换器(ignition transformer)、控制开关(switch)。另外,为了让火焰检测器和气流传感器同步将结果传给控制器,本章增加一个消息进程,它内嵌于控制器内部。

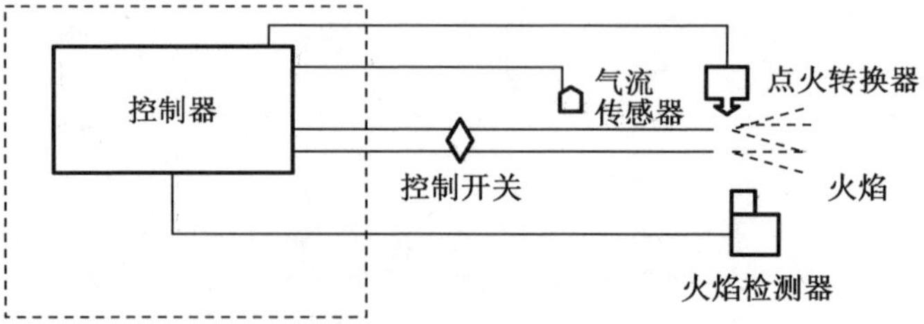

图 5.1　煤气炉装置的结构图

控制器是整个煤气炉装置的中心,它与气流传感器、火焰检测器、点火转换器相连。控制器依据消息进程传来的数据来决定要关闭或释放煤气。例如,如果气流传感器检测到煤气已经从煤气炉的喷嘴里溢出，而火焰检测器又检测到没有火焰，说明已经发生煤气泄漏，此时应该将煤气炉控制开关关闭，停止输出煤气，等待一段时间后再重新输出煤气并重新点燃火焰。

首先将整个系统划分为 6 个进程，分别用于描述火焰检测器（flamede）、气流传感器（gasflowse）、消息中心（massage）、点火转换器（ignition）、控制开关（switch）、整个煤气炉的控制器（controller）。

用 XYZ/RBE 描述上述实时控制问题（假设程序的执行速度很快，语句转换所用时间可忽略）：

```
%OBPROG gasburer = = □[
%VAR [flame:INT;gas:INT;open:INT;close:INT;com:INT]
%PROC[
        flamede(%CHN startf(massage, *:NM):INT
                %CHN fdch(*,massage:NM):INT) = =[
            %ALG[
                LB = startde = > $ U{0,0}(startf? 1 ∧ LB = detected);
                LB = detected = > $ O{0,10}(flame = 1 ∧ fdch! flame ∧ LB
                                 = detected | flame = 0 ∧ fdch!
                                 flame ∧ LB = detected);
                ]       ]
```

系统一经启动，火焰检测器接收到消息中心传输过来的“开始检测”消息后，即进入检测状态火焰。检测器至少每隔 10 ms 向消息中心传输一次检测结果，此结果由通道 fdch 传输。结果为 1 表示有火焰，结果为 0 表示无火焰。

```
gasflowse (%CHN startg(massage, *:NM):INT;
        %CHN gsch(*,massage:NM):INT) = =[
        %ALG[
            LB = startgas = > $ U{0,0}(startg? 1 ∧ LB = sensed);
            LB = sensed = > $ O{0,10}(gas = 0 ∧ gsch! gas ∧ LB = sensed |
                          gas = 1 ∧ gsch! gas ∧ LB = sensed);
        ]       ]
```

气流传感器与火焰检测器在同一时间接收到消息中心传来的“开始检测”消息，与火焰检测器同步进行检测。气流传感器同样至少每隔 10 ms 向消息中心传输一次结果，此结果由通道 gsch 传输。结果为 1 表示有气流，结果为 0 表示无气流。

```
massage(%CHN statrf(*,flamede:NM):INT;
        %CHN startg(*,gasflow:NM):INT;
        %CHN fdch(flamede,*:NM):INT;
        %CHN gsch(gasflow,*:NM):INT;
        %CHN masf(*,controller:NM):INT;
        %CHN masg(*,controller:NM):INT)==[
        %ALG[
        LB=startmas=>$ O{0,0}(startf! 1∧startg! 1∧LB=idle);
        LB=idle=>$ U(fdch? flame∧LB=m1);
        LB=m1=>$ O{0,0}(gsch? gas∧LB= m2);
        LB=m2=>$ O{0,0}(masf! 1∧masg! 1∧LB= idle);
        ]]
```

消息中心发出让气流传感器和火焰检测器在同一时间开始检测的消息,然后等待接收两者的传输结果。其主要功能是让气流传感器和火焰检测器同步执行检测。

```
ignition(%CHN igch(controller,*:NM):INT)==[
    %ALG[
        LB=startig=>$ O{0,0}(LB=extinct);
        LB=extinct=>$ U(igch? com∧LB=ignited);
        LB=ignited=>$ O{0,20}(ignite......∧LB=extinct);
      ]]//ignite......表示系统在执行点燃动作,转换时将这一动作省略,
          此条语句也可写为 LB=ignited=>$ O{0,20} LB=extinct,
          下同。
```

点火装置在没有接收到点火命令之前处于熄灭状态,一旦有点火命令传入,它使用 igch 接受命令,然后在 20 ms 内执行点燃操作,点燃火焰,继而再转入熄灭状态。

```
switch(%CHN sclose(controller,*:NM):INT;
       %CHN sopen(controller,*:NM):INT)==[
       %ALG[
         LB=startsw=>$ O{0,0}(LB=son);
         LB=son=>$ U(sclose? close∧LB=close);
```

```
        LB=close=>$ O{0,20}(switchclose...... ∧LB=soff);
        LB=soff=>$ U(sopen? open∧LB=open);
        LB=open=>$ O{0,20}(switchopen······ ∧LB=son);
            ] ]
```

开关设有两个通道——s-close、s-open,分别用来接受关闭和打开命令,在接收到命令以后的 20 ms 内执行完相应的操作,并回到关闭或打开状态。

```
controller(%CHN masf(massage,*:NM):INT;
           %CHN masg(massage,*:NM):INT;
           %CHN igch(*,igition:NM):INT;
           %CHN sclose(*,switch:NM):INT;
           %CHN sopen(*,switch:NM):INT)==[
           %ALG[
           LB=startcon=>$ O{0,0}(LB=noleaking);
           LB=noleaking=>$ U(masf? flame∧masg? gas∧LB=c1);
             LB=c1∧(flame==1∧gas==0)=>$ O{0,0}(LB=noleak-
                                                   ing)
             LB=c1∧(flame≠1∨gas≠0)=>$ O{0,0}(LB=leaking);
             LB=leaking=>$ O{0,0}(sclose! close∧LB=waiting);
             ? {0,10}[LB=waiting∧gas==1=>$ OLB=waiting
                                 |gas==0=>$ OLB=ready]
             LB=ready=>$ O{0,0}(sopen! open∧LB= c3);
             LB=c3=>$ O{0,0}(igch! com∧LB= noleaking);
             ]]
```

```
%ALG[
   LB=START=>$ O{0,0}(fd==flamede{1} ∧gs==gasflowse{1} ∧ma=
=massage{1} ∧ig==ignition{1} ∧sw==switch{1} ∧c==controller{1} ∧LB=
L1);
   LB=L1=>|| {0,tm}[fd (%CHN startf1(ma,*) | startf(massage,*));
                    (%CHN fdch1(*,ma) | fdch(*,massage));
                    gs (% CHN startg1 (ma, *) | startg (massage,
                       *));
                       (% CHN gsch1 (*, ma) | gsch (*, mas-
```

```
        sage));
      ma (%CHN startf1( * ,fd) | startf( * ,flamede);
        (% CHN startg1 ( * , gs ) | startg ( * , gas-
        flowse));
        (%CHN fdch1(fd, * ) | fdch(flamede, * ));
        (%CHN gsch1(gs, * ) | gsch(gs, * ));
        (%CHN masf1( * ,fd) | masf( * ,flamede));
        (% CHN masg1 ( * , gs ) | fdch ( * , gas-
        flowse));
      ig(%CHN igch1(c, * ) | igch(controller, * ));
      sw (%CHN sclose1(c, * ) | sclose(controller, * );
         %CHN sopen1(c, * ) | sopen(controller, * ));
      c (%CHN masf1(ma, * ) | masf(massage, * );
        %CHN masg1(ma, * ) | masg(massage, * );
        %CHN igch1( * ,ig) | igch( * ,ignition);
        %CHN sclose1( * ,sw) | sclose( * ,switch);
        %CHN sopen1( * ,sw) | sopen( * ,switch));]
  ]     ]
```

控制器在刚开始启动时处于无泄漏(noleaking)状态,每隔 10 ms 接收到来自消息中心的检测结果,若结果为无火焰、有煤气则转入泄漏状态,并发出命令以关闭开关,然后等待至无煤气,此时发出命令以打开开关并点燃火焰,继而重新进入无泄漏(noleaking)状态。

以下是模型中的全局声明,可以看到所有通道都为紧迫通道。全局变量 flame、gas 的取值均为 0 或 1。

```
int[0,1] flame,gas;
urgent chan  fdch,gsch,igch,sclose,sopen,start1,start2,masf,masg;
```

根据 XYZ/RE 语句到时间自动机的映射规则,整个系统的时间自动机模型如图 5.2 所示。

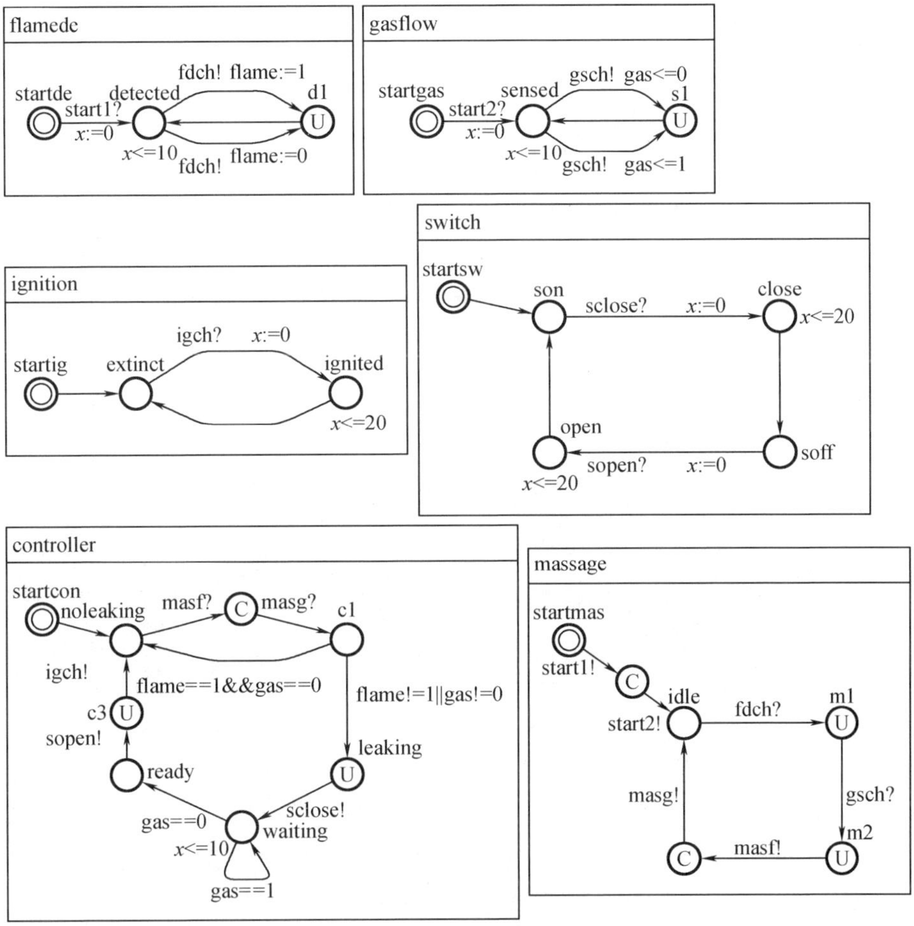

图 5.2　系统时间自动机模型

模型建立以后,就可以对系统的性质进行验证。在验证器里键入下列查询语言:

安全性:A[ ] not deadlock 系统无死锁

A[ ]switch. close imply switch. $x<=20$ 开关关闭动作一定在 20 ms 以内完成

A[ ]switch. open imply switch. $x<=20$ 开关打开动作一定在 20 ms 以内完成

A[ ]ignition. ignited imply ignition. $x<=20$ 点火转换器在 20 ms 以内执行完点燃动作

A[ ]gasflow. sensed imply gasflow. $x<=10$ 气流传感器在 10 ms 内执

行完检测动作

A[ ]flamede. detected imply flamede. x<=10 火焰检测器在 10 ms 内执行完检测动作

可达性：E< >controller. leaking 系统可能发生泄漏

活性：controller. leaking-->switch. close 系统一旦发生泄漏，开关一定会关闭

controller. ready-->ignition. ignited 系统就绪后，点火转换器一定会执行点火动作

由图 5.3 可以看到这些性质都是满足的，表明系统能够满足这些性质要求，是安全的。

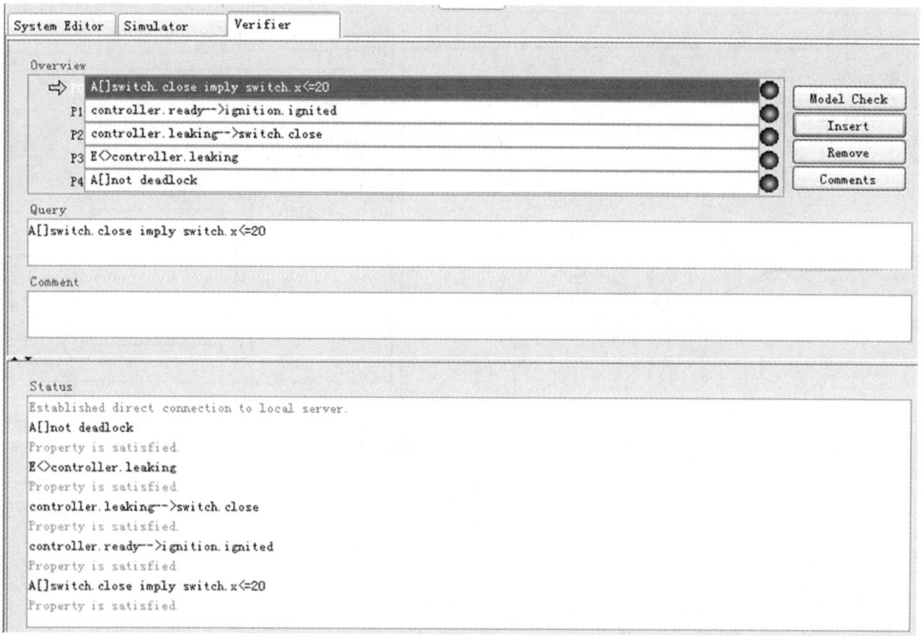

图 5.3　验证结果(1)

5.2 咖啡机控制系统

咖啡机[55]有一组控制按钮。用户通过按钮向咖啡机发送命令,而咖啡机通过识别命令来做准备。若为售咖啡命令,咖啡机在 25 s 内给出一个咖啡杯,然后在 10 s 内将咖啡注入杯中,完成售咖啡这一过程。若为售茶命令,咖啡机在 30 s 内给出一个茶杯,然后在 15 s 内将茶注入杯中,完成售茶这一过程。但咖啡机在同一时间只能处理一条命令。

首先将系统划分为 4 个进程,分别用于描述控制按钮(button)、控制整个系统的控制器(controller)、咖啡盒硬件控制(coffeebox)、茶盒硬件控制(teabox)。

```
%OBPROG coffee-or-tea==□[
%VAR [com:INT]
%PROC[
        button(%CHN coffee(*,controller:NM):INT;
               %CHN tea(*,controller:NM):INT;
               %CHN next(controller,*:NM):INT;)==[
           %ALG[
                LB=startbt=>$ U(com=0∧LB=pin);// 命令为 0 表示此命令为售咖啡命令
                LB=startbt=>$ U(com=1∧LB=pin);// 命令为 1 表示此命令为售茶命令
                LB=pin∧com==0=>$ O{0,0}(coffee! 0∧LB=wait);// 发出售咖啡命令
                LB=pin∧com==1=>$ O{0,0}(tea! 1∧LB=wait);// 发出售茶命令
                LB=wait=>$ U(next? 1∧LB=startbt);// 收到执行下一条命令的消息
                 ]
                ]
```

控制按钮接收到来自外界的命令。若输入命令为 0,则表示此命令为售咖啡命令,紧接着通过通道 coffee 向控制器 controller 发出售咖啡的消息 offee! 0;

若输入命令为1,则表示此命令为售茶命令,通过通道 tea 向控制器 controller 发出售茶消息 tea! 1。

```
controller(%CHN coffee(button, * :NM):INT;
           %CHN tea(button, * :NM):INT;
           %CHN coffeeord( * ,coffeebox:NM):INT;
           %CHN teaord( * ,teabox:NM):INT;
           %CHN cofffin(coffeebox, * :NM):INT);
           %CHN teafin(teabox, * :NM):INT);
           %CHN next( * ,button:NM):INT;==[
           %ALG[
           ? {0,0}[LB=startcon∧com==0=> coffee? 0∧ $ O LB=c1
                             | com == 1 => tea? 1 ∧ $ O LB =
                             t1;]// 判断命令类别
                             LB=c1=> $ O{0,0}(cofford! 0∧LB=
                             c2);
                             LB=c2=> $ O{0,35}(cofffin? 0∧LB=
                             c3);//在 35 s 内收到售咖啡动作已完成
                             的消息
                             LB=c3=> $ O{0,0}(next! 1∧LB=i-
                             dle);
                             LB=t1=> $ O{0,0}(teaord! 0∧LB=
                             t2);
                             LB=t2=> $ O{0,45}(teafin? 1∧LB=
                             t3);//在 45 s 内收到售茶动作已完成的
                             消息
                             LB=t3=> $ O{0,0}(next! 1∧LB=i-
                             dle);
                             ]          ]
                             ]          ]
```

控制器启动后进入 idle 状态并判断全局变量的值,若为0则接受控制按钮发出的售咖啡命令 coffee? 0。为了保证系统在同一时间只能处理一个事件,定义变量 flag:其为0表示系统空闲,为1表示系统正在处理。

```
coffeebox(%CHN cofford(controller, *:NM):INT;
          %CHN cofffin(*,controller:NM):INT)==[
          %ALG[
          LB=startcoff∧com==0=>$ O{0,0}(cofford? 0∧LB=cofford-
          ed);
          LB=cofforded=>$ O{0,25}(deliver cup…∧LB=cupdelivered);
          LB=cupdelivered=>$ O{0,10}(coffee prepare…∧LB=coffpre-
          pared);
          LB=coffprepared=>$ O{0,0}(cofffin! 0∧LB=startcoff);     ]
          ]
```

咖啡盒控制器接收到售咖啡命令后先在 25 s 内给出一个咖啡杯,接下来注入咖啡,之后发出动作执行完毕的消息 cofffin! 0。

以下为茶盒控制器的程序执行过程,与咖啡盒控制器的执行过程类似。

```
teabox(%CHN teaord(controller, *:NM):INT;
       %CHN teafin(*,controller:NM):INT)==[
       %ALG[
       LB=starttea∧com==1=>$ O{0,0}(teaord? 1∧LB=teaorded);
       LB=teaorded=>$ O{0,30}(deliver cup…∧LB=cupdelivered);
       LB=cupdelivered=>$ O{0,15}(tea prepare…∧LB=teaprepared);
       LB=teaprepared=>$ O{0,0}(teafin! 1∧LB=starttea);
           ]
       ]
%ALG[
   LB=START=>$ O{0,0}(bu==button{1}∧con==controller{1}∧cb==
   coffeebox{1}∧tb==teabox{1}∧LB=L1);
   LB=L1=>|| {0,tm}[bu(%CHN coffee1(*,con) | coffee(*,control-
                     ler));
                     (%CHN tea1(*,con) | tea(*,controller));
                     (%CHN next1(con,*) | next(controller,*));
                  con(%CHN coffee1(bu,*) | coffee(button,*));
                     (%CHN tea1(bu,*) | tea(button,*));
                     (%CHN cofford1(*,cb) | cofford(*,coffee-
```

box));
(%CHN teaord1(*,tb) | teaord(*,teabox));
(%CHN cofffin1(cb,*) | cofffin(coffeebox,
*));
(%CHN teafin1(tb,*) | teafin(teabox,*));
(%CHN next1(*,bu) | next(*,button));
cb(%CHN cofford1(con,*) | cofford(controller,*));
(%CHN cofffin1(*,con) | cofffin(*,controller));
tb(%CHN teaord1(con,*) | teaord(controller,*);
%CHN teafin1(*,con) | teafin(*,con);]]]

以下是模型中的全局声明,变量 com 是一个表示输入命令的全局变量,取值为 0 或 1。

int[0,1] com;

chan coffee,tea,coffeeord,teaord,coffin,teafin,next;

咖啡时间自动机模型如图 5.4 所示。

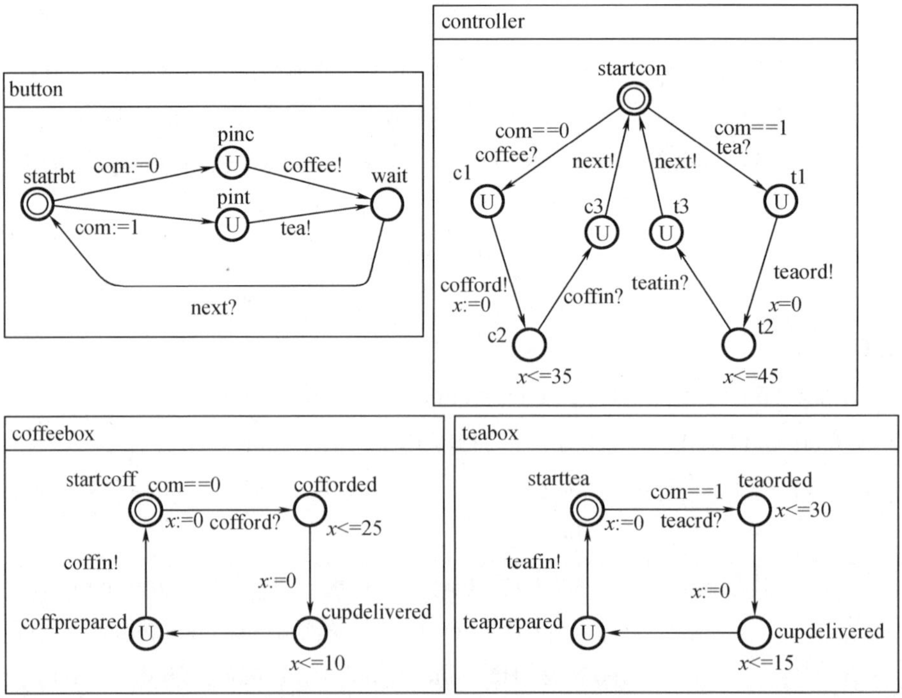

图 5.4 咖啡机时间自动机模型

模型建立以后,就可以对系统的性质进行验证。在验证器里键入下列查询语言:

A[ ]not deadlock 系统无死锁

button. pinc-->coffeebox. coffprepared 按下售咖啡按钮就一定会给出咖啡

button. pint-->teabox. teaprepared 按下售茶按钮就一定会给出茶

A[ ]coffeebox. coffprepared+teabox. teaprepared<=1 在同一时间只能执行售咖啡或售茶中的一种动作

A[ ]coffeebox. cupdelivered imply coffeebox. *x*<=25 从收到命令到给出咖啡杯,这个动作在 25 s 内完成

A[ ]coffeebox. coffprepared imply coffeebox. *x*<=10 注入咖啡的时间不会超过 10 s

A[ ]teabox. cupdelivered imply teabox. *x*<=30 从收到命令到给出茶杯,这个动作在 30 s 内完成

A[ ]teabox. teaprepared imply teabox. *x*<=15 注入茶的时间不会超过 15 s

验证结果如图 5.5 所示。

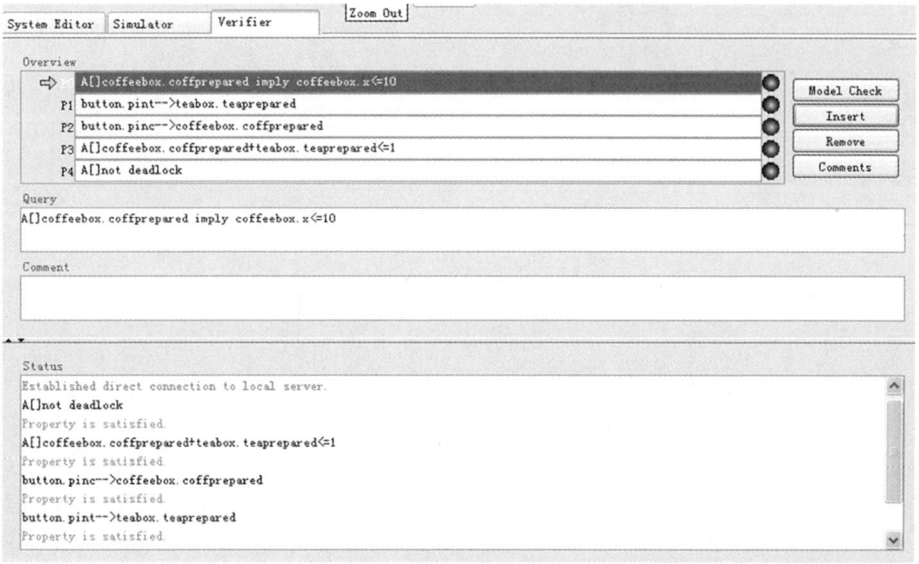

图 5.5　验证结果(2)

5.3 本章小结

本章介绍了两个家居生活动态系统实例,采用 XYZ/RE 分别描述了煤气炉控制系统和咖啡机控制系统,并按照映射规则将所描述的系统转换为时间自动机。转换后利用基于时间自动机的验证工具 UPPAAL 对系统的相关属性(安全性、活性和可达性)进行验证。根据 UPPAAL 验证器得出的验证结果可知,转换的正确性得到了保证。

第 6 章　嵌入式动态系统的建模与验证

随着物联网和智能硬件的快速发展,嵌入式系统已成为现代技术中的核心组件,广泛应用于智能家居、自动驾驶、工业自动化、医疗设备等领域。嵌入式动态系统是动态行为演化的复杂系统。在嵌入式系统与动态系统理论的交叉领域中,研究如何在资源受限、实时性要求高的嵌入式环境中设计出准确性高的动态系统已成为业界研究的主流方向。

6.1　嵌入式动态系统概述

当前,5G、物联网、人工智能等新一代电子信息技术与现代制造业深度融合,第四次工业革命即全面智能化的“工业 4.0”正把人类带入网络化、个性化、智能化的大数据时代。我国新一轮科技革命和产业变革加速发展,新技术、新产品、新业态、新模式不断涌现,以智能制造为核心的制造业的发展水平稳步提升。20 世纪 60 年代,现代控制理论在国防工业、能源制造、航空航天等诸多领域中被广泛应用。传统的控制理论主要分析简单的非线性系统问题,其应用主要基于被控对象具有精确的数学模型。在系统分析过程中,控制效果的好坏与系统模型的精确程度成正比,即模型越精确,系统的控制效果越好。然而在工程实践中,大型嵌入式动态系统的处理过程往往呈现出高度的非线性特征,还可能伴随着随机干扰、强耦合、数据丢失等现象。针对此类复杂的非线性系统,采用传统的控制理论方法很难建立精确的数学模型,进而影响系统的控制器设计及性能分析过程,无法达到预期的控制效果。因此,非线性嵌入式系统的动态建模和鲁棒控制问题研究至关重要。

燃气报警器是一种气体泄漏检测报警仪器。当工业环境或家庭生活环境中有燃气泄漏时,燃气报警器在检测到燃气浓度达到爆炸或中毒报警器设置的临界点时就会发出报警信号,提醒人们采取安全措施。燃气报警器系统是一种典型的嵌入式动态系统,该系统为了保证安全性,不仅要求所产生的结果在逻辑上是正确的,而且要求执行时间必须满足规定的时间约束,任何动作出现时间上的延迟都会造成灾难性的后果。开发这类系统的成本较高,如果能够在系统开发过程中尽早发现问题,就可以避免很多人力和物力资源的浪费[56]。随着硬件设备性能的迅速提高,以及嵌入式动态系统软件规模的迅速扩大和复杂性的急剧增加,软件已成为嵌入式动态系统的主要使能部件,如何确保这类系统软件设计的正确性成为研究焦点之一[57]。为了保证燃气报警器系统的正确性和可靠性,采用形式化方法对其进行描述、分析和设计是重要的解决方式[58]。

6.2 燃气报警器结构

燃气报警器主要由 4 部分组成:气体探测器、声光报警器、机械手/切断阀、控制器,如图 6.1 所示。控制器是整个燃气报警器装置的中心,它与气体探测器、声光报警器和机械手相连。控制器依据消息进程传来的数据来决定要关闭或释放燃气。例如,如果气体探测器检测到环境中燃气浓度已经超出了报警的临界点,此时说明已经发生燃气泄漏,控制器就应该通知机械手执行关闭阀门的操作,停止输出燃气,防止发生爆炸、火灾。等待一段时间后,当气体探测器检测到环境中燃气浓度回到安全范围内时,控制器发送消息通知声光报警器停止报警,并通过机械手执行打开阀门的操作。

燃气报警器系统往往工作在恶劣环境中,受电噪声干扰较大,而且随着软件复杂性的增加,系统运行不稳定的情况越来越严重[59]。该系统包含离散成分和连续成分,既要满足功能性需求又要满足非功能性需求,呈现出确定性与随机性共存的行为特征。这些特征要求相应的描述工具具有丰富的表达能力。时间自动机能在统一框架下表示系统的静态性质和动态的行为功能,可以用来描述系统的各个部件和整个燃气报警器系统。

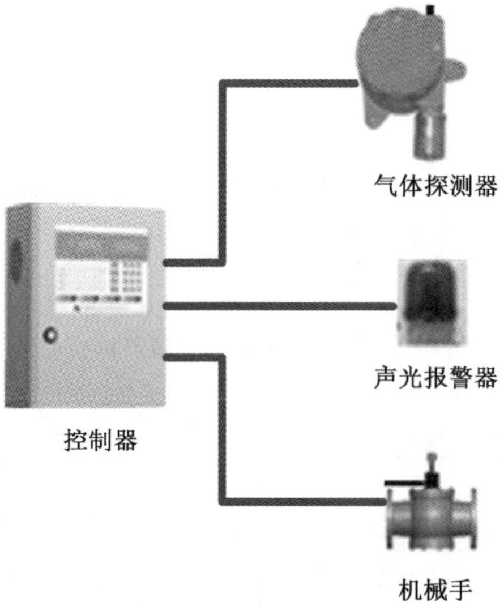

图 6.1　燃气报警器系统组成

6.3　燃气报警器系统建模

对该系统建立气体探测器时间自动机模型(gasdetector)、声光报警器时间自动机模型(alarmsl)、机械手时间自动机模型(machand)和控制器时间自动机模型(controller)。

6.3.1　气体探测器建模

系统一经启动,气体探测器就进入探测状态(detected),每隔一定周期(pertime)发送探测结果。若有燃气溢出则将全局变量 gas 置为 1,即 gas:=1;若无燃气溢出则将 gas 置为 0,即 gas:=0。将探测结果通过 gasch 通道发送给控制器。将中间位置 d1 设置为紧迫位置,表示探测器发送结果后立即回到探测状态,没有时间延迟。得到的气体探测器时间自动机模型如图 6.2 所示。

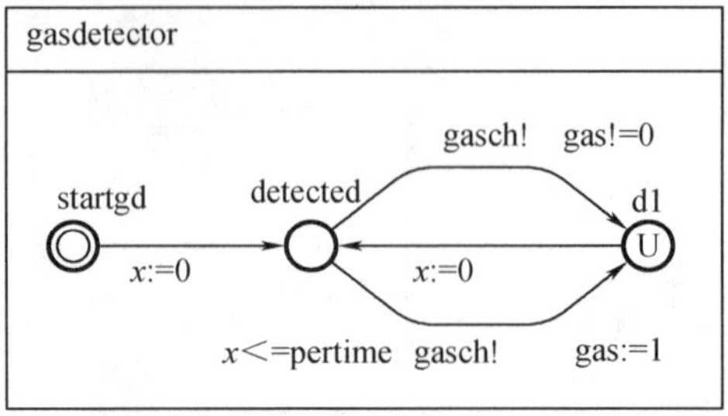

图 6.2 气体探测器时间自动机模型

6.3.2 声光报警器建模

声光报警器在系统启动后进入空闲状态(idel),当接收到控制器通过 alarmch 通道发送的报警命令时,进入报警位置(alamed),并在最短时间(mintime)内连续启动声音和光两种报警方式。当接到来自 resetch 通道的重启命令时,其再次回到空闲位置。若无重启命令,声光报警器就每隔 mintime 以声音、光的方式报警一次。

为了确保声音和光两个动作连续执行,给 light 位置和 sound 位置标识为坚定位置。得到的声光报警器的时间自动机模型如图 6.3 所示。

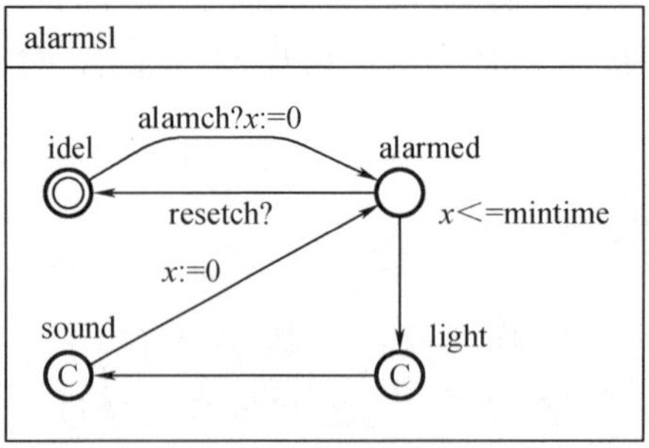

图 6.3 声光报警器时间自动机模型

6.3.3 机械手建模

系统启动后,机械手处于开启位置(hon)。当接收到控制器通过关闭通道 hclose 发送的关闭命令时,机械手进入到关闭位置(close),关闭动作必须在 mintime 内完成。然后机械手进入到完全闭合位置(hoff),直到接收到控制器通过打开通道 sopen 发送来的打开命令时,才进入到打开状态(open),并在

mintime 内完成开启动作,之后再次回到开启位置(hon)。得到的机械手时间自动机模型如图 6.4 所示。

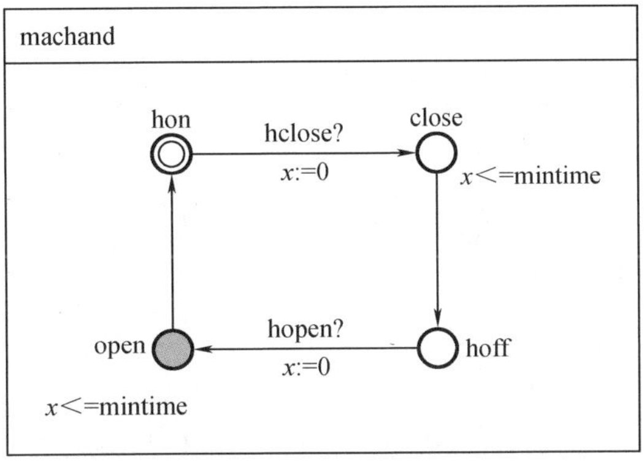

图 6.4　机械手时间自动机模型

6.3.4　控制器建模

控制器在刚开始处于无泄漏位置(noleaking),通过 gasch 通道向气体探测器发送探测命令,并进入到中间位置(c1)。当接收到探测结果 gas = =0 时,其再次回到无泄漏位置(noleaking);当接收到探测结果 gas = =1 时,其进入到泄漏位置(leaking),并无延迟地通过关闭通道 sclose 向机械手发出关闭命令,通过报警通道 alamch 向声光报警器发出报警命令,继而进入到等待位置(waitting)。控制器不断地接收来自气体探测器的探测结果,若 gas = =1 则继续等待,若 gas = =0 则控制器进入到准备位置(ready),随后通过通道 sopen 向机械手发出打开命令,通过重启通道 resetch 向声光报警器发出重启命令,并进入到无泄漏位置(noleaking)。得到的控制器时间自动机模型如图 6.5 所示。

6.3.5　系统交互分析

当环境中燃气浓度超过临界点,即发生燃气泄漏时,本系统产生的一个交互如图 6.6(a)所示。此交互图显示,控制器在接收到气体探测器传来的燃气泄漏的消息后立刻发出关闭机械手的命令,并进入到泄漏位置(leaking);机械手随即进入到关闭位置(close);声光报警器在接收到控制器发送的报警命令后进入到报警位置(alarmed)。当环境中燃气浓度低于临界点,即无燃气泄漏时,系统产生的一个交互如图 6.6(b)所示,在控制器进入到就绪位置(ready)后,机械手接收控制器发送的打开命令并进入到打开位置(open);声光报警器在接收到控制器发送的重启命令后,进入到空闲位置(idel)。整个系统交互显示设计的结果是安全的。

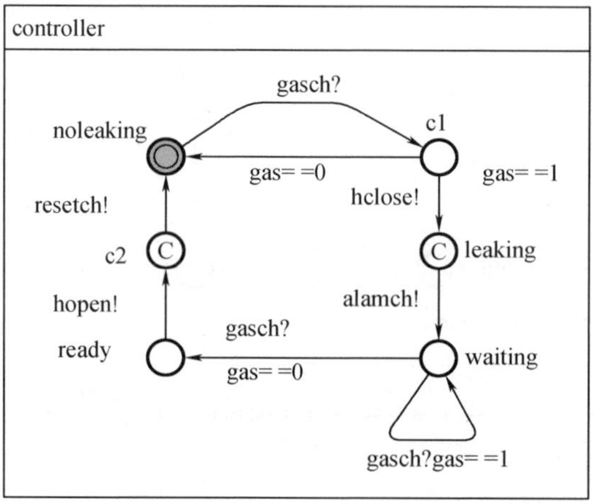

图 6.5　控制器时间自动机模型

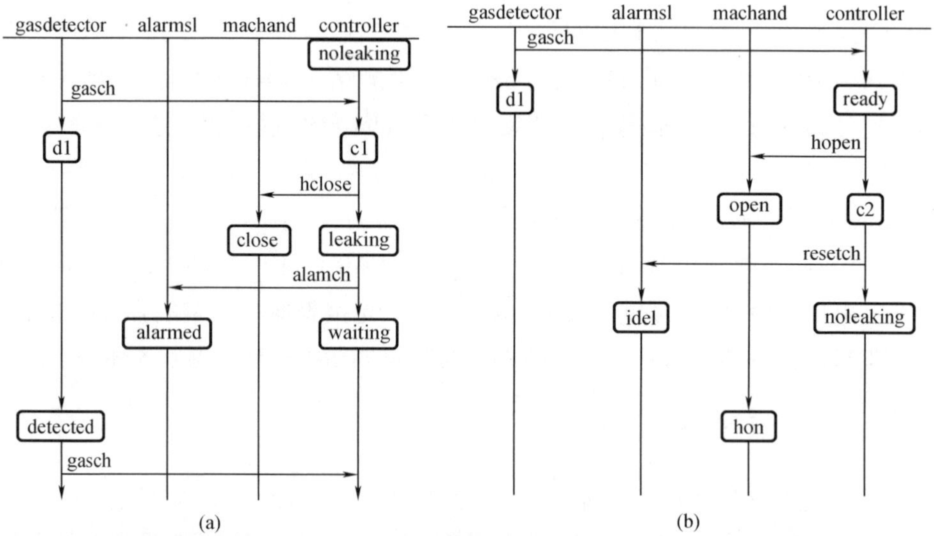

图 6.6　系统交互图

6.3.6　系统验证

以下是模型中的全局声明:全局变量 gas 取值为 0 或 1;对于两个整型时间

变量——周期时间(pertime)和最短时间(mintime),可根据实际需求赋初值;所有的消息通道都为紧急通道。

int[0,1] gas;

const int pertime,mintime;

urgent chan gasch,alamch,resetch,hclose,hopen;

模型建立以后,就可以对系统的性质进行验证,使用基于时间自动机的验证工具 UPPAAL 进行验证。将燃气报警器系统的性质分解为 4 类:安全性、活性、可达性和时间约束,统一采用 UPPAAL 中的时序逻辑公式来表示[60]。

(1)安全性

安全性是指坏的事情永远都不会发生,比如,燃气报警器系统永远都不会出现死锁。在 UPPAAL 中,这种属性是被正向描述的,规约语言为 A[ ] not deadlock,表示在所有可达的位置中,not deadlokck 总是为真。

(2)活性

活性是指某件事情最终会发生,比如,一旦发生燃气泄漏,机械手一定会关闭。规约语言为 controller. leaking-->machand. close,表示无论 controller. leaking 何时满足,machand. close 最终将会满足。

(3)可达性

可达性是属性中形式最简单的,它们所查询的是:是否存在一条由初始位置开始到该位置的路径, 比如,希望机械手的关闭位置是可达的。规约语言为 E< >machand. close,表示最终希望位置是可达的。

(4)时间约束

时间约束无法从模型的行为中看出,而可以表示成位置执行的表达式,比如,探测器在 pertime 周期时间内完成探测工作。规约语言为 A[ ] gasdetector. detected imply gasdetector. x <= pertime,表示探测器执行时在时间上是正确的。

在验证器里输入规约语言,验证内容及结果如表 6.1 所示。从表 6.1 中可以看出系统各项需求性能全部满足,燃气报警器系统设计的正确性和可靠性得到了提高。

表 6.1　模型验证内容及验证结果

验证性质	性能需求	规约语言	验证结果
安全性	1. 系统无死锁	A[ ] not deadlock	满足该性质

表 6.1(续)

验证性质	性能需求	规约语言	验证结果
活性	2. 一旦发生泄漏,机械手一定会关闭。	controller. leaking-->machand. close	满足该性质
	3. 一旦发生泄漏,报警器一定会报警。	controller. leaking-->alarmsl. alarmed	满足该性质
可达性	4. 机械手是会关闭的	E< >machand. close	满足该性质
	5. 报警器可以声音报警	E< >alarmsl. sound	满足该性质
	6. 报警器可以光报警	E< >alarmsl. light	满足该性质
时间约束	7. 探测器在 pertime 周期时间内完成探测工作	A[ ] gasdetector. detected imply gasdetector. x <= pertime	满足该性质
	8. 报警器在最短时间 mintime 时间内完成报警	A[ ] alarmsl. alarmed imply alarmsl. x<=mintime	满足该性质
	9. 机械手在最短时间 mintime 内关闭阀门	A[ ] machand. close imply machand. x<=mintime	满足该性质

6.4 本章小结

本章讨论了基于时间自动机的燃气报警器系统的建模和验证的方法,从时间自动机模型系统行为逻辑正确性和时间约束两方面入手,对燃气报警器系统进行了精确刻画,并在基于时间自动机的验证工具 UPPAAL 中对系统的安全性、活性、可达性和时间约束进行了验证,为进一步正确设计燃气报警器系统的模块、详细电路及其最终实现奠定了基础。

第 7 章　工业控制动态系统的建模与验证

随着“中国制造 2025”和德国“工业 4.0”概念的提出，智慧工厂、云制造、智能生产系统等成为提升企业生产力的重要途径。工业化和信息化的深度融合，以及物联网技术的发展，推动着智能装备、智能工厂等智能制造领域的发展，引领着制造方式的深刻变革。各大企业也纷纷推出自动化生产解决方案，如阿里巴巴和京东电商企业推出的智慧物流无人仓，富士康科技公司使用的自动化生产线，波音公司建设的数字化工厂等。智能制造方式能借助计算机建模仿真和信息通信技术的巨大潜力，优化产品的设计和制造过程[61]，并能在制造环节显著提高生产线上精密零部件的生产效率，降低质量缺陷率，从而获得显著的经济效益[62]。

7.1　工业控制动态系统概述

要想得到具有深度感知、智慧决策、自动执行功能的智能化生产线，还需要生产系统具备自我恢复和自我调控能力，并具有较高的可用性，正确性、实时性和鲁棒性。运用各项技术以推动智能制造发展已经成为当前研究热点，新技术的应用层出不穷：数字孪生技术[63]可用于智能工艺规划、智能生产调度和生产过程分析与动态调节[64]；机器学习技术为各种制造任务中的智能决策支持系统提供了方法和技术保障[65]；生物免疫技术能快速消除智能制造系统运行过程中产生的不确定干扰以保证生产的顺利运行[66]；等等。

时间自动机可以直观地刻画计算机系统与时间有关的行为，反映系统控制行为的可视转向，并能够借助相关的模型检测工具对系统的属性进行验证。因此，将时间自动机应用到智能化生产线系统软件的开发过程中，对于保证软件的正确性、安全性和可靠性具有重要作用。关于将时间自动机技术应用到智能制造工厂分析、设计和控制领域中,国内外有诸多研究成果。文献[67]给出了一种基于生产过程监控规则的时间自动机模型,模拟自动生产过程中发生的事件,以发现监管规则中的潜在缺陷。文献[68]使用时间自动机来检测生产系统基础设施数据完整性以抵御网络攻击,从而提高系统的安全性。文献[69]将 IEC61850 标准中网络控制器的时间自动机模型应用于一个自动化的人员移动控制系统,以降低系统开发的难度。文献[70]和[71]针对机器人通信系统和任务控制系统建立时间自动机模型,以验证机器人的各项设计是否满足设计需求。上述研究均侧重于在理想情况下对系统进行建模,没有对可能出现的设备工作行为失败的情况进行考虑,在系统组成上也没有体现出如何针对系统自我决策和故障恢复进行建模。

本书提出一种基于时间自动机理论的智能化生产线的形式化分析方法,以自动化焊接无人生产线为例,对其生产和控制过程进行分析、建模和验证。首先,分析该系统应具备的生产属性和安全属性,并对该系统可能出现设备工作失败的情况及系统如何进行自我恢复的措施进行了充分考虑。通过分析,所有生产阶段的执行部件都有可能出现数据通信故障和工作失败故障,对此设计每一个执行部件在出现数据通信故障时对数据进行重新装载。在出现工作失败故障时,允许执行部件在规定的时间内多次执行同一工作直至成功。若超出规定的时间约束工作仍未成功,则控制器会对该部件执行重置操作,以此来体现所设计生产线系统的鲁棒性和实时性。其次,根据生产流程建立系统核心部件的时间自动机模型,通过时钟同步和消息同步将各模型连接成时间自动机网络。最后,利用 UPPAAL 工具验证该系统所应具备的实时性、安全性、可达性和鲁棒性。

7.2　生产线系统结构

以自动化制造生产线——文献[72]中所描述的自动化焊接控制系统为基础进行研究和分析,进而对该系统进行智能化设计、改进和完善,最后得到满足实际生产需求并能够进行自我决策和故障恢复的智能化生产线系统。分析得到该生产线生产流程包括 3 个阶段,每个阶段的执行设备通过有线或无线网络连接。第一阶段位于生产线的起始工位,即搬运机械臂抓取零件并将零件放置到传送带上的指定位置处,传送带移动并将零件传输至焊接工作站处。在该阶段有可能会发生搬运机械臂初始化数据加载失败和零件抓取失败的意外情况。第二阶段位于焊接工位,即焊接工作站的夹具系统夹紧零件,焊接机械臂对零件进行焊接,完成后由传送带继续将零件转运到下一个环节。在该阶段有可能会发生焊接工作站初始化数据加载失败及焊接出错的意外情况。将前两个阶段连接起来,使零件在两个阶段间传输的是工件传送带。传送带通过与搬运机械臂和焊接工作站通信,执行运行或静止的动作。传送带有可能发生在约束时间范围内因未能达到规定传送速度而无法正常运行的意外情况。

自动化焊接控制系统是典型的工业控制系统,其分为 3 层(图 7.1):在第三层,网络由监控与数据采集系统(supervisory control and data acquisition,SCADA)、远程终端组成。SCADA 管理服务器并定期查询和应用可编程控制器(programmable logical controller,PLC)中的策略来控制设备的动作。在第二层,各个阶段的 PLC 通过默认的拓扑结构连接到整个网络中,PLC 之间使用 Ethernet/IP 协议通过有线网络互联,PLC 中的数据可通过人机交互(human machine interaction,HMI)界面进行设置。在第一层,传感器采集数据并上传现场数据,同时执行设备接收并执行动作指令,完成相应生产动作。本系统的执行设备主要为搬运机械臂、焊接工作站及传送带。

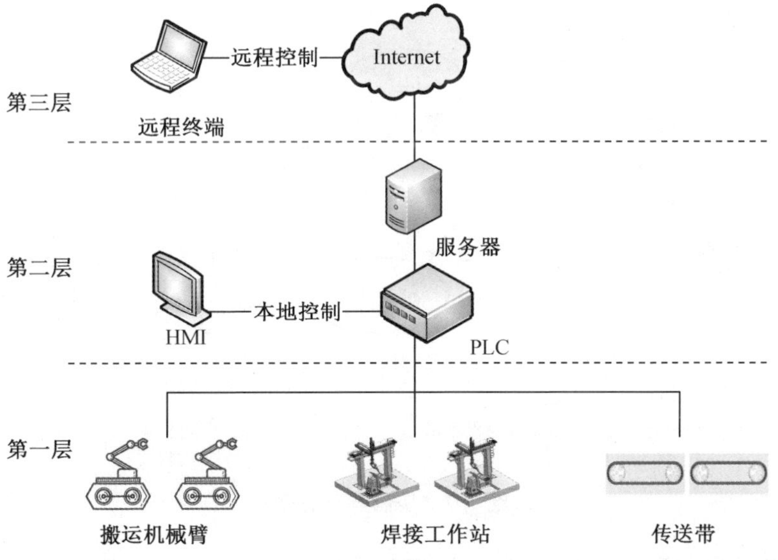

图 7.1　系统结构

7.3 生产线系统建模

对自动焊接控制系统进行分析，建立由系统核心部件组成的时间自动机网络。整个系统由 6 个模型组成：

System ≡ Controller | | Arm | | WeldingStation | | Conveyor | | Alart | | UI

其中，Controller 表示 PLC 控制器；Arm 表示搬运机械臂；WeldingStation 表示焊接工作站；Conveyor 表示传送带；Alart 表示系统报警器；UI 表示用户界面。

7.3.1 PLC 控制器

PLC 控制器在自动焊接控制系统中为主控计算机模块，主要功能是根据需求在一个控制周期内向所有生产部件发送控制命令。为了提高整个系统的智能性，对 PLC 控制器的功能进行扩充，增加根据相应的中断信号接收生产部件的反馈信息并采取不同处理对策的功能。设计 PLC 控制器节点具有空闲（idle）、处理（active）、等待（wait）、焊接成功（ok）、重启相应部件（reset）等 5 种工作状态，其状态图如图 7.2 所示。

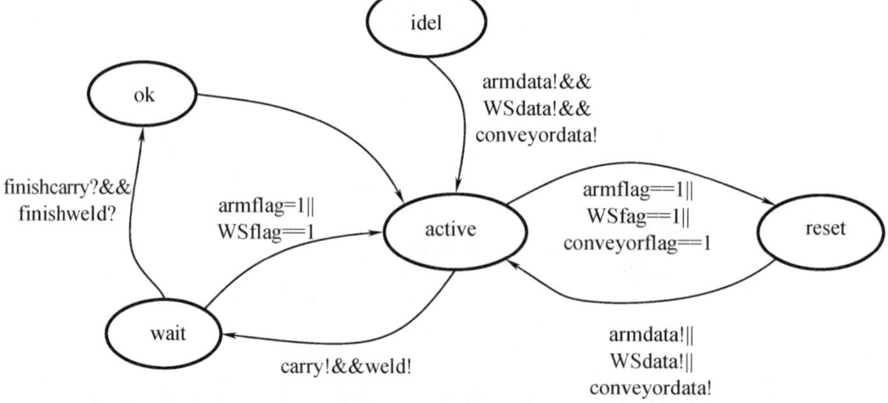

图 7.2 控制器状态图

根据时间自动机网络语义，可以将该模型状态迁移形式化描述为：

$$(\text{idle},[\ ])\xrightarrow{\text{armadata! \&\&WSdata! \&\&coneyordata!}}(\text{active},[\ ])$$

$(active,[\ ])\xrightarrow{carry!\ \&\&weld!}(wait,[\ ])$

$(active,[\ ])\xrightarrow{armflag==1 \parallel WSflog==1 \parallel conveyorflag==1}(reset,[\ ])$

$(reset,[\ ])\xrightarrow{armdata!\ \parallel WSdata!\ \parallel conveyordata!}(active,[\ ])$

$(wait,[\ ])\xrightarrow{armflag==1 \parallel WSflag==1}(active,[\ ])$

$(wait,[\ ])\xrightarrow{finishcarry?\ \&\&finishweld?}(ok,[\ ])$

$(ok,[\ ])\longrightarrow(active,[\ ])$

PLC 控制器数据定义如表 7.1 所示,状态定义如表 7.2 所示。对于全局常量或变量,多个模型都会使用,本书限于篇幅只在全局数据最先出现的一处模型中进行定义说明,后续模型中不再说明。建立的 PLC 控制器时间自动机模型如图 7.3 所示。控制器在系统启动后,首先接收用于设置搬运机械臂、焊接工作站和传送带的初始数据。接收完成后同步发出启动搬运机器人、焊接工作站及传送带的消息,在模型中间隔这 3 条消息的两个中间位置——初始化机械臂 InitialzeArm 和初始化焊接工作站 InitializeWS 的位置标识为“C”,表示这两个位置是原子位置,转换经过这两个位置时不允许有中断。3 条消息的发送是同步执行的。启动消息发送完成后,位置初始化传送带 InitialzeConveyor 标识为“U”,表示转换经此位置时没有时间延迟,PLC 控制器会立即进入到处理状态(Active)。在处理位置,PLC 控制器会实时检测各个控制标识的值,若检测到某个控制标识的值为 1,即表示相应设置工作行为出错,则发出重启相应设备的命令。所有设备正常启动就绪后,PLC 控制器向搬运机械臂发出搬运命令,等待搬运机械臂传来搬运结束消息后再向焊接工作站发出焊接命令,并等待焊接工作站传回焊接结束的消息,依次循环往复,来控制系统中所有设备正常运行。

表 7.1　PLC 控制器数据定义

常量/变量	类型	含义
setarm	chan	接收搬运机械臂初始数据的通道
setWS	chan	接收焊接工作站初始数据的通道
setconveyor	chan	接收传送带初始数据的通道
armdata	chan	向搬运机械臂发送启动消息的通道
WSdata	chan	向焊接工作站发送启动消息的通道

表 7.1(续)

常量/变量	类型	含义
conveyordata	chan	向传送带发送启动消息的通道
carry	chan	向搬运机械臂发送搬运消息的通道
weld	chan	向搬运机械臂发送焊接消息的通道
finishcarry	chan	完成搬运消息通道
finishweld	chan	完成焊接消息通道
armflag	int	搬运机械臂运行状态标识
WSflag	int	焊接工作站运行状态标识
converorflag	int	传送带运行状态标识

表 7.2 PLC 控制器状态定义

状态	含义	状态	含义
Initial	初始化	ResetWS	重启焊接工作站
Ready	准备就绪	ResetConveyor	重启传送带
InitializeArm	启动机械臂	WaitArm	等待机械臂
InitializeWS	启动焊接工作站	ArmOK	机械臂就绪
InitializeConveyor	启动传送带	WaitWS	等待焊接工作站
Active	正常运行	WSOK	焊接工作站就绪
ResetArm	重启机械臂		

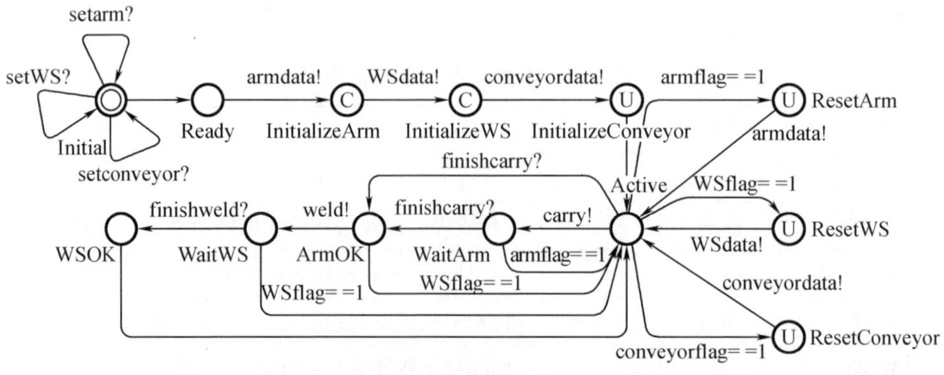

图 7.3 PLC 控制器时间自动机模型

7.3.2　工件搬运阶段

该阶段进行的作业主要是零件的搬运，所涉及的设备是搬运机械臂，另外在机械臂末端安装了机械钳和感应器。对于末端安装了机械钳的工业机器人，其典型的工作任务是搬运物体。将其搬运过程逐步细化，涉及移动（Move）、抓住（Grasp）、拿起（Pick）、放下（Place）等一系列基本操作。控制系统按照作业完成的步骤依次执行基本操作，直至最终完成整个作业任务。

搬运机械臂数据定义如表 7.2 所示，搬运机械臂状态定义如表 7.3 所示，搬运机械臂时间自动机模型如图 7.4 所示。机械臂在收到来自控制器的消息后启动，并应在 2 个时间单位里完成数据装载动作。若在 2 个时间单位里未完成数据装载动作 ，则数据装载失败，机械臂需向控制器请求重新装载。整个过程由机械臂自行调控。值得注意的是，即使数据装载成功，搬运机械臂在执行抓取工件动作时也有可能会抓取失败。在抓取开始时定义一个计数器 count 对抓取动作进行计数，若次数达到 MAXNUM 时还未抓取成功，则向控制器申请重新启动搬运机器臂，直至成功完成抓取动作。该过程也由搬运机械臂自我决策，无须人工参与。

为了增强模型的可复用性，将表示工件允许抓取次数的 MAXNUM 声明为常量，如果不同生产线对最大允许抓取次数的要求不同，只需修改这个常量的值即可，不用对模型进行修改。这大大提升了效率，减少了工作量。

表 7.3　搬运机械臂数据定义

常量/变量	类型	含义
x	clock	局部时钟变量
data	int	局部数据变量，定义初始化数据
e	int	局部数据变量，定义出错标志
data1	int	传递机械臂数据的中间变量
MAXNUM	const int	常量，定义工件允许抓取次数的最大值
count	int	抓取次数的计数器
speed	int	传送带速度
ok	bool	焊接工作站启动成功标识

表 7.4 搬运机械臂状态定义

状态	含义	状态	含义
Initial	初始化	PossibleGeature	调整抓取方式
DefineData	定义数据	BestGeature	最佳抓取方式
LoadData	装载数据	Grasp	抓取
LoadFail	装载失败	Detect	检测
ResetArm	重新装载	GraspFail	抓取失败
LoadSuccess	装载成功	GraspSuccess	抓取成功
Ready	准备就绪	Pick	抓紧
GetObjectPosition	获取物件位置	Move_2	移动轨迹 2
Move_1	移动轨迹 1	Place	放置

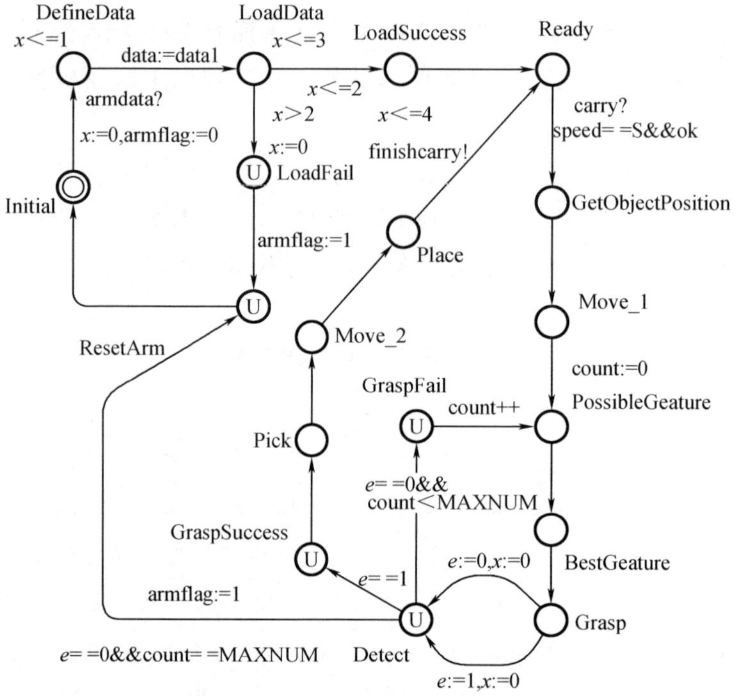

图 7.4 搬运机械臂时间自动机模型

7.3.3　工件焊接阶段

该阶段进行的作业是工件焊接,所涉及的主要设备是焊接工作站。焊接工作站包括夹具系统、焊接机械臂、焊枪和水冷机。夹具系统由多个气缸组成,用于完成零件的定位和夹紧工作。焊接工作站和 PLC 控制器直接进行通信,两者通过通信信道方式完成信息交互。PLC 控制器发送开始焊接消息给焊接工作站,焊接工作站发送焊接完成信息或焊接故障信息给 PLC 控制器。由于焊接机械臂在进行焊接时,整个传送带需停止运行,因此焊接工作站与传送带之间需要通过共享变量进行通信。

焊接工作站数据定义如表 7.5 所示,焊接工作站状态定义如表 7.6 所示,焊接工作站时间自动机模型如图 7.5 所示。对于焊接工作站,在收到来自控制器的消息后启动,并应在 2 个时间单位里完成数据装载动作。若在 2 个时间单位里未完成数据装载动作 ,则数据装载失败,焊接工作站向控制器请求重新装载。整个过程由焊接工作站自行调控。开始焊接时,将传送带速度(speed)赋值为 0,并向传送带发出停止运行的消息。传送带在收到消息并检测速度值为 0 后停止移动。接着由夹具系统完成工件的定位和夹紧工作。之后,焊接机器人扫描焊缝,寻位焊接起始点并自主规划焊接轨迹,然后进行焊接。在焊接过程中开启焊缝跟踪技术,通过提取焊缝特征点(CorrectionFunction)和焊枪当前位置来获得轨迹偏差。同时,在焊接过程中实时校正焊枪轨迹(CorrectionFunction),并进行水冷降温[73]。

在建模时将焊接、焊缝跟踪技术、校正焊枪轨迹、水冷降温定义成原子位置,表示这些动作在模型中是同步执行的。

表 7.5　焊接工作站数据定义

常量/变量	类型	含义
x	clock	局部时钟变量
data	int	局部数据变量,定义初始化数据
data2	int	传递焊接工作站数据的中间变量
stopconveyor	chan	向传送带发送停止运行消息
startconveyor	chan	向传送带发送开始运行消息
error	int	局部数据变量,定义出错标识

表 7.6　焊接工作站状态定义

状态	含义	状态	含义
Initial	初始化	ScanWeldImag	扫描焊缝
DefineData	定义数据	DetermineStartPoint	寻位焊接起始点
LoadData	装载数据	GenerateWeldTrace	自主规划焊接轨迹
LoadFail	装载失败	Welding	焊接
ResetWS	重新装载	SeamTracking	开启焊缝跟踪技术
LoadSuccess	装载成功	CorrectionFunction	提取焊缝特征点
Ready	准备就绪	WaterCooling	提取焊缝特征点
Locate	定位	Detect	检测
Clamp	夹紧	WeldFinish	焊接结束
Loosen	松开夹具		

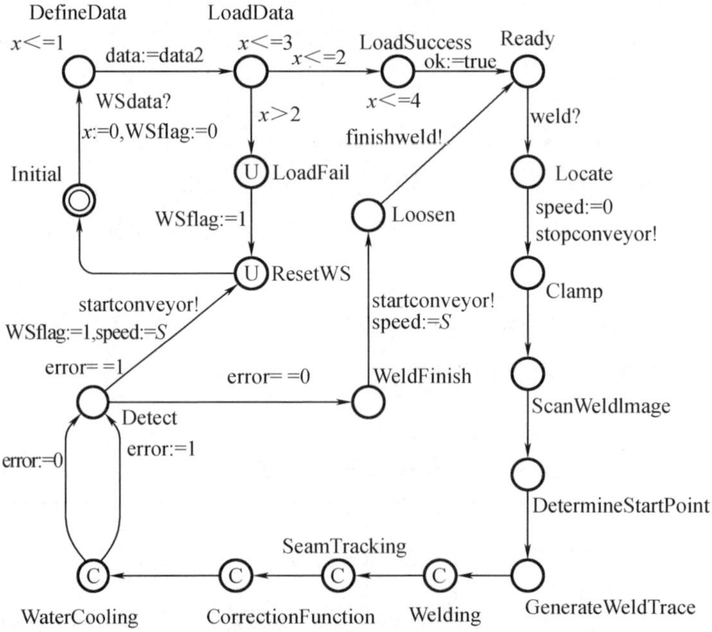

图 7.5　焊接工作站时间自动机模型

7.3.4　工件传送阶段

传送带在收到控制器启动消息后启动,并应在 2 个时间单位里完成定义传送数据的操作。若在 2 个时间单位里未完成该操作 ,则数据定义失败,传送带需向控制器请求再次重新启动。整个过程由传送带自行调控。正常启动后,传送带的状态只有两个,即移动(Move)和静止(Still),两者通过通道消息进行转换。传送带数据定义如表 7.7 所示,传送带状态定义如表 7.8 所示,传送带时间自动机模型如图 7.6 所示。

表 7.7　传送带数据定义

常量/变量	类型	含义
S	const int	定义速度常量
y	clock	局部时钟变量

表 7.8　传送带状态定义

状态	含义	状态	含义
Initial	初始化	Move	运行
AssignSpeed	指定传送速度	Still	静止

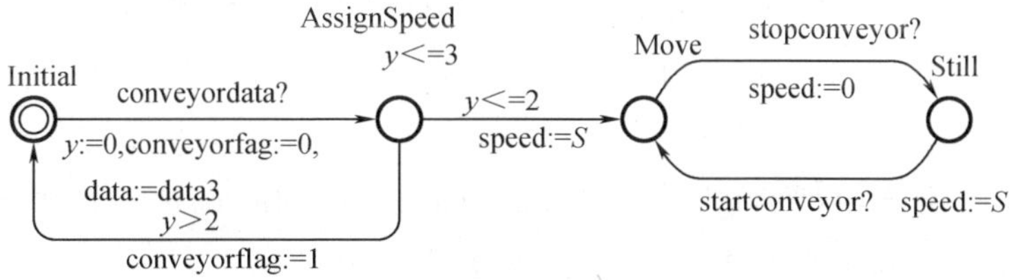

图 7.6　传送带时间自动机模型

7.3.5　系统报警器

系统报警器的主要功能是在生产设备发生工作行为失败并需要重新启动时报警并给出警告信息。报警发生时不影响生产线运行,只给出信息提示,同时报警数据可为衡量整个系统的稳定性提供数据参考。系统报警器状态定义如表 7.9 所示,系统报警器时间自动机模型如图 7.7 所示。当设备运行状态的标识设置为 1 时,系统报警器会进入到相应的警告位置,给出警告信息。

表 7.9　报警器状态定义

状态	含义	状态	含义
Initial	初始化	ConveyorWarning	传送带报警
ArmWarning	机械臂报警	WSWarning	焊接工作站报警

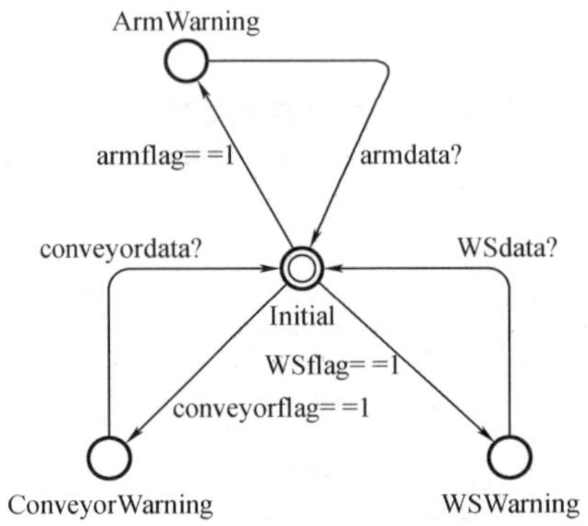

图 7.7　报警器时间自动机模型

7.3.6　人机界面

为了方便现场操作人员和远程操作人员对生产线进行操作与控制,规定人机界面数据定义如表 7.10 所示,人机界面状态定义如表 7.11 所示,人机界面时间自动机模型如图 7.8 所示,

定义人机界面模型带有 3 个参数(initarm、initws、initconveyor),用户可通过设置这 3 个参数来修改系统相应执行部件的初始化数据。

表 7.10　人机界面数据定义

常量/变量	类型	含义
initarm	int	机械臂的初始化数据
initWS	int	焊接工作站初始化数据
initconveyor	int	传送带初始化数据
armstatus	int	机械臂运行状态数据

表 7.10(续)

常量/变量	类型	含义
WSstatus	int	焊接工作站运行状态数据
coneyorstatus	int	传送带运行状态数据

表 7.11　人机界面状态定义

状态	含义	状态	含义
Initial	初始化	GetArmStatus	获取机械臂状态
SetArmData	设置机械臂数据	GetWSStatus	获取焊接工作站数据
SetWSData	设置焊接工作站数据	GetConveyorStatus	获取传送带数据
SetConveyorData	设置传送带数据		

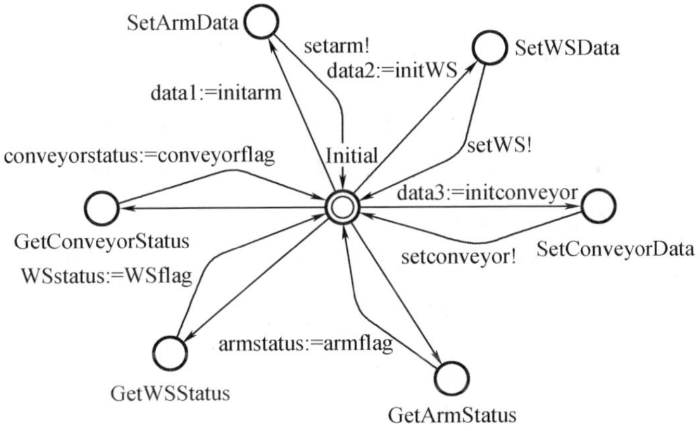

图 7.8　人机界面时间自动机模型

7.3.7　系统时间自动机网络

各个执行部件的时间自动机模型通过定义的全局变量与消息通道可以串接组合成该系统的时间自动机网络,如图 7.9 所示。在真实的生产场景中会有多条生产线,在进行系统定义时,只需按模板生成的多个模型即可。比如定义两个 PLC 控制器:Controller1 = Controller( ) 和 Controller2 = Controller( )。

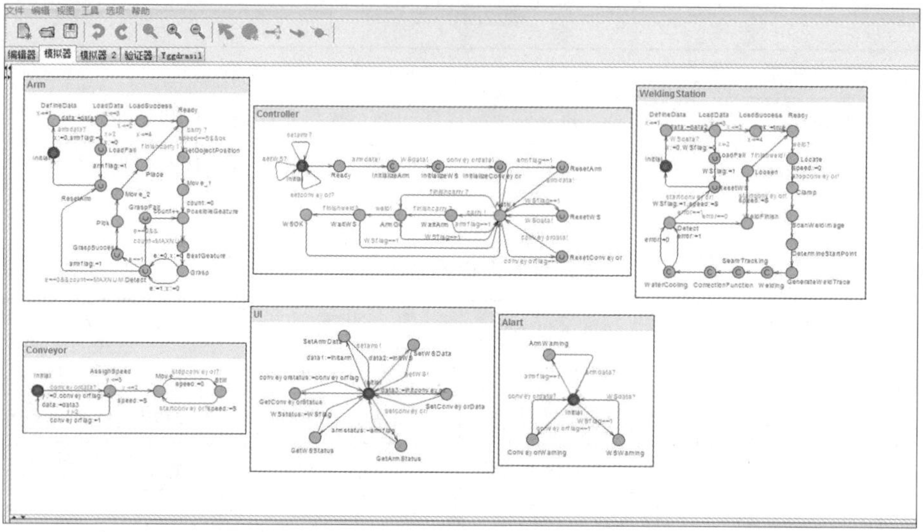

图 7.9 系统时间自动机网络

7.3.8 系统验证

为了检验系统时间自动机网络是否与系统需求描述一致，使用模型检测工具 UPPAAL 进行形式化验证。实验环境为：处理器为 Core(TM)i5-3317U，频率为 1.70 GHz；随机存储器(random access memory，RAM)为 4.00 GB；UPPAAL 版本为 4.1.19。其中，UPPAAL 使用 CTL 语言作为查询语言，验证时系统的需求描述必须用 CTL 语言表示。验证性质及结果如表 7.12 所示。

从表 7.12 中的验证结果可知，所有公式均通过验证，这表明系统的时间自动机网络满足系统前述的需求规范：不存在死锁；系统经过自我调控后一定会抓取成功和焊接成功；系统能满足相应的时间约束；在各阶段，系统的执行部件可正常进行数据通信和任务控制；要求系统满足鲁棒性、正确性、可用性和实时性等重要属性要求。此外，根据对属性公式的验证耗时和内存消耗数据可以判定系统网络是满足设备使用时限和资源限制。

表 7.12　验证性质及结果

属性	编号	CTL 公式	含义	耗时/s	验证结果
鲁棒性	1	A[ ]not deadlock	系统不存在死锁,即面对任何情况时都有处理路径可执行	84. 256	满足该性质
正确性	2	A[ ]WeldingStation. Clamp imply speed = = 0	夹具夹紧时,传送带的速度一定为 0	17. 285	满足该性质
	3	A[ ]WeldingStation. Welding imply speed = = 0	焊接工作站执行焊接任务时,传送带的速度一定为 0	17. 222	满足该性质
	4	E<>Controller. InitializeArm imply Arm. LoadData	控制器初始化搬运机械臂时,搬运机械臂一定会装载数据	0	满足该性质
	5	E<>WeldingStation. ResetWS imply Alart. WSWarning	焊接工作站重启时,系统报警器一定会发出警告	0. 843	满足该性质
	6	E<>UI. SetArmData imply Arm. LoadData	用户界面设置搬运机械臂初始数据时,搬运机械臂一定会装载数据	0	满足该性质
可用性	7	E<>Arm. GraspSuccess	系统经过自我调控后,搬运机械臂一定会抓取成功	2. 955	满足该性质
	8	E<>WeldingStation. WeldFinish	焊接工作站一定会焊接完成	0. 012	满足该性质
实时性	9	A[ ]Arm. LoadSuccess imply Arm. $x<=4$	搬运机械臂在 4 个时间单位里完成数据装载动作	0. 016	满足该性质
	10	A[ ]Arm. ResetArm imply Arm. $x==0$	搬运机械臂出现工作行为失败时会零延时重启	0. 015	满足该性质

7.4 本章小结

本书提出了基于时间自动机的智能化生产线的形式化建模与验证方法，给出了构建系统时间自动机网络的步骤，并提供了系统各个部件在 UPPAAL 中的具体实现，应用 CTL 语言对该系统进行了可用性、正确性、实时性和鲁棒性的验证。研究表明，设计人员通过建立时间自动机模型可准确地模拟生产线系统的高实时性和高准确性。在原有的生产线重启操作需工作人员人工操作的基础上，时间自动机模型实现了系统智能化自动重启，无须工作人员的参与。通过调整时间自动机模型中使用的变量和常量，在保证系统各项属性得到满足的情况下，时间自动机模型应用的范围更广泛。

第 8 章　动态系统的质量保证方法

8.1　动态系统的质量保证方法概述

动态系统的质量保证是确保系统在功能、性能、安全性和可靠性等维度满足设计要求的核心环节。随着系统复杂性呈指数级增长,如自动驾驶汽车包含数亿行代码、上万个传感器与执行器,传统的简单的测试与调试方法已无法满足系统需求,质量保证方法正经历从经验驱动到数学严格、从局部验证到全局保障的范式转型。随着系统规模的扩大和复杂性的增加,软件测试作为提高动态系统质量的重要手段,其任务也变得越来越复杂与繁重。为了降低测试过程的盲目性,提高测试效率,在需求分析的开始阶段就对测试任务进行明确分析,对测试目标进行有效组织,并进行准确记录显得尤为重要。正如需求分析是软件系统设计与实现的基础一样,准确而详尽的测试需求分析也是软件测试的基础[74]。

在技术演进的历史长河中,动态系统测试经历了 3 次标志性范式跃迁。第一次跃迁(20 世纪 50 年代至 20 世纪 80 年代):以物理实验与经验公式为主导,测试依赖于实物原型与人工观测。例如,阿波罗登月舱的姿态控制测试通过机械陀螺与地面模拟台完成,耗时数年且成本高昂。第二次跃迁(20 世纪 90 年代至 21 世纪第一个 10 年):随着计算机仿真技术的成熟,基于模型的测试成为主流,MATLAB、UPPAAL 等工具实现了控制逻辑的虚拟验证,将汽车 ABS 的开发周期从 5 年缩短至 18 个月。第三次跃迁(21 世纪第二个 10 年至今):以数字孪生与 AI 增强测试为特征,通过实时数据闭环与自主探索算法,构建起覆盖“设计—运行—演化”全生命周期的测试生态。例如,西门子公司基于 MindSphere 平台为燃气轮机建立的数字孪生体,能够同步映射 15 万个传感器的运行数据,通过强化学习自主生成叶片的测试场景,使维护策略的验证效率提升了 40 倍。

当前,动态系统测试的核心挑战可归结为 3 大矛盾:其一,穷举需求与有限资源的矛盾。即便是中等复杂度的工业机器人系统,其状态空间维度也可达 200 以上,传统蒙特卡罗仿真需要 10^{15} 次测试才能达到 99.99%的置信度,远超现有算力极限。其二,确定性与不确定性的矛盾。医疗人工胰腺系统必须同时适应血糖控制的确定性与患者生理参数的不确定性,单一测试方法难以兼顾精度与鲁棒性。其三,虚拟与现实的矛盾。数字孪生虽能大幅降低测试成本,但模型失配问题可能导致虚拟环境中的"完美系统"在现实世界中失效。要破解这些矛盾,需要构建多方法协同、多尺度融合的测试体系。例如,NASA 在"毅力号"火星车测试中,将形式化验证、硬件在环测试与物理样机试验深度集成,形成"三位一体"的验证链,最终实现"零缺陷"着陆。

从方法论视角来看,现代动态系统测试可划分为 4 个方面。

第一,形式化测试。其可以数学逻辑为根基,通过模型检测、定理证明等方法验证系统满足规约。例如,空中客车 A350 的飞控软件使用 SCADE Suite 将需求转换为同步数据流模型,通过符号执行与抽象解释技术穷举所有输入组合,证明襟翼控制信号偏差不超过 0.1%,替代了 75%的传统测试用例。这种"证明即测试"的理念,尤其适用于安全关键系统的确定性验证。

第二,虚实融合测试。其可通过硬件在环、数字孪生等技术弥合虚拟与现实鸿沟。特斯拉公司在 Model S Plaid 的碳纤维转子电机测试中,将实际电机控制器接入 dSPACE 仿真平台,实时模拟-40 ℃至 200 ℃的环境温度与电网电压波动,仅用 3 周时间就完成了传统方法需 6 个月的极端工况覆盖,同时节省了 90%的能源消耗。GE Aviation 利用数字孪生技术为 LEAP 发动机构建的孪生体,能够根据实时飞行数据动态调整测试参数,实现了从预设测试到自适应测试的跨越。

第三,数据驱动测试。其可借助机器学习挖掘测试场景,优化测试策略。Waymo 利用生成对抗网络(generative adversarial network,GAN)合成暴雨、沙尘等罕见天气的激光雷达点云,暴露了感知算法在能见度低于 10 m 时的误检漏洞。DeepMind 则通过强化学习训练测试智能体,在谷歌数据中心冷却系统中发现了温度梯度超标的隐藏风险。这些场景在 10^6 次随机测试中仅出现 3 次。数据驱动测试不仅提升了测试覆盖率,更重新定义了测试的智能化边界。

第四,概率统计测试。其针对随机动态系统的特性,采用贝叶斯推断、重要性采样等方法量化风险。西屋电气公司在 AP1000 核反应堆保护系统测试中,通过马尔可夫链蒙特卡罗(Markov chain Monte Carlo,MCMC)方法对 10^6 个故障场景进行概率加权,计算出堆芯熔毁概率为 3.2×10^{-8}/年,较美国核管理委员会(U. S. Nuclear Regulatory Commission,U. S. NRC)标准(1×10^{-6}/年)优化了两个数量级。这类方法在应对不确定性、长尾分布问题时展现了独特优势。

在工业实践中,测试技术的高效落地离不开标准化体系与工具链的支撑。ISO 26262、DO-178C、IEC 61508 等标准将形式化验证、模型覆盖率、故障注入等要求纳入强制条款,倒逼企业升级测试方法论。工具链的演进则呈现出"垂直整合"与"开源协同"的双重趋势。MathWorks 推出的 Simulink Test 实现了从需求管理、测试生成到结果追溯的全流程自动化。开源社区如 AWS 的形式化验证联盟则通过共享测试模型与脚本库来降低技术门槛。例如,宝马集团基于开源工具 TLA+自主开发了车载以太网协议的时序一致性测试框架,使通信延迟的测试成本降低了 70%。

8.2　基于谓词的系统需求测试用例生成方法

基于谓词的测试可以在早期软件需求完成后就进行需求正确性的验证。在软件的需求文档中会存在软件设计所需遵守规则的说明,这些规则可以成为进行测试集设计的依据。编程人员可能对这些规则进行了正确的编码,也可能没有正确编码,从而导致程序中存在缺陷。根据谓词产生的测试用例,可以确保在测试中发现某种类型的所有缺陷,同时由于基于谓词的软件测试的关键问题是如何产生与选择高效的测试集,即生成与选择的测试集中的测试用例数量尽可能少,同时可以尽可能多地检测出故障类型,因此,可以使用面向谓词的测试用例生成准则,从不同角度考虑设计出存在差异的测试用例,从而提高软件的质量。

8.2.1　谓语和谓词约束

谓词就是需求规则的形式化表示。例如,考虑软件需求"若打印机处于 ON 状态且具备打印纸,则发送要打印的文件"。这句话包含一个条件和一个动作。下面的谓词记为 P,表示这句话的条件部分。

$$P:(\text{printerstatus}=\text{ON})\ \land\ (\text{printertray}\ != \ \text{empty})$$

一个条件可以表示成简单谓词或复合谓词。简单谓词就是一个布尔变量或关系表达式(关系表达式通过集合{<,>,≤,≥,=,≠}中的一个关系运算符连接),其中各变量可以取非(!)。复合谓词可以是一个简单谓词,或是由若干简单谓词通过二元布尔运算符(∧,∨)连接起来的一个表达式。

定义对整个谓词的约束,该谓词由布尔变量、关系表达式通过布尔运算符连接而成。对于测试用例 t,如果谓词 Pr 的各组件都满足约束 C 中相应的约束,则称测试用例 t 满足 Pr 上的约束 C。谓词上的约束 C 可有效指导测试集的设计,为 Pr 中变量的取值提供了清晰的线索。约束条件还被用来动态地启发式地产生测试用例。

给定谓词 Pr 的约束 C,任意满足 C 的测试用例将使 Pr 取值为 true 或 false。用 Pr(C)表示 Pr 对所有满足约束 C 的测试用例的取值。将使得 Pr(C)= true 的约束 C 称为“真”约束,而将使得 Pr(C)= false 的约束 C 称为“假”约束。这样,就将约束集合 S 划分为两个子集——S^t 和 S^f,有 $S=S^t\cup S^f$。其中,对于任意 $C\in S^t$,有 Pr(C)= true;对于 $C\in S^f$,有 Pr(C)= false。

8.2.2 生成充分性测试用例

我们最关心的是如何利用给定的谓词 Pr 生成测试集 T,使其满足:T 是最小集合;T 保证能够检测出 Pr 实现中存在的所有布尔运算符故障和关系运算符故障。为了获取这样的测试集,定义两个检测布尔运算符的准则,通常称为 BOR、BRO 测试准则,名称 BOR、BRO 分别对应于布尔运算符、布尔关系运算符,二者的形式化定义如下:

(1)对于谓词 Pr,如果测试集 T 确保能够检测出 Pr 实现中存在的所有单/多布尔运算符故障,则 T 满足 BOR 测试准则,称 T 为 BOR 充分测试集,记为 T_{BOR}。

(2)对于谓词 Pr,如果测试集 T 确保能够检测出 Pr 实现中存在的所有单/多布尔关系运算符故障,则 T 满足 BRO 测试准则,称 T 为 BRO 充分测试集,记为 T_{BRO}。

设 T_x 为从谓词 Pr 导出的测试集,其中 $x\in\{\mathrm{BOR},\mathrm{BRO}\}$。设 Pf 为通过向谓词 Pr 注入单/多故障而得到的另一谓词,注入的故障属于布尔运算符故障、布尔关系运算符故障。若存在 $t\in T_x$,使得 Pr(t)≠Pf(t),则称 T_x 确保能够检测出 Pf 中的故障。

首先,给出关于笛卡儿积的两个定义描述。

有限集合 A 和 B 的笛卡儿积记为 $A\times B$,定义如下:

$$A \times B = \{(a,b) \mid a \in A \text{ and } b \in B\}$$

为了能生成最小的测试约束集,还需要另一种集合积的计算方法。集合的 onto 积(运算符号记为$\otimes$)的定义如下:对于有限集合 A 和 B,$A \otimes B$ 为二元偶 (u,v) 构成的最小集合,其中 $u \in A$、$v \in B$,且 A 中的各个元素至少出现一次,B 中的各个元素也至少出现一次。根据该定义,当集合 A、B 包含两个或两个以上元素时,$A \otimes B$ 的计算结果不是唯一的。

$$A \otimes B = \{(u,v) \mid u \in A,\ v \in B,\ u \text{ 至少出现一次}, v \text{ 至少出现一次}\}$$

下面给出检测布尔运算符故障和布尔关系运算符故障测试用例集的生成算法。

8.2.3　生成 BOR 约束集

给定谓词 Pr,AST(Pr)是 Pr 的抽象语法树(图 8.1)。用字符 $N, N1, N2, \cdots$ 表示 AST(Pr)中不同的结点,S_N 表示结点 N 的约束集。正如前面讨论的那样,S_N^t、S_N^f 分别表示结点 N 的“真”约束集和“假”约束集,$S_N = S_N^t \cap S_N^f$。下面的算法用于生成 BOR 的约束集(CSET)。

由谓词 Pr 的抽象语法树生成最小 BOR 约束集的算法 BOR-CSET。

输入:谓词 Pr 的抽象语法树 AST(Pr)。Pr 只包含奇异表达式。

输出:谓词 Pr 的 BOR 约束集,放置在抽象语法 AST(Pr)的根结点处。

算法开始:

步骤 1　标识 AST(Pr)每个叶结点 N 的约束集 S_N,$S_N = \{t, f\}$,$S_N^t = t$,$S_N^f = f$。

步骤 2　以自底向上的方式遍历 AST(Pr)的每个非叶结点(内部结点)。如果结点 N 是一个 AND 结点或 OR 结点,设 $N1$、$N2$ 是其直接后继。如果结点 N 是一个 NOT 结点,设 $N1$ 是其直接后继。S_{N1}、S_{N2} 分别代表结点 $N1$、$N2$ 的 BOR 约束集。对每个非叶结点 N,计算 S_N 如下:

(1)N 是 OR 结点

$S_N^f = S_{N1}^f \otimes S_{N2}^f$;

$S_N^t = (S_{N1}^t \times \{f_2\}) \cup (\{f_1\} \times S_{N2}^t)$,其中 f_1、f_2 分别是 S_{N1}^f、S_{N2}^f 中的任一元素。

(2)N 是 AND 结点

$S_N^t = S_{N1}^t \otimes S_{N2}^f$;

$S_N^f = (S_{N1}^f \times \{t_2\}) \cup (\{t_1\} \times S_{N2}^f)$,其中 t_1、t_2 分别是 S_{N1}^t、S_{N2}^t 中的任一元素。

(3)N 是 NOT 结点

$S_N^t = S_{N1}^f$;

$S_N^f = S_N^t$。

步骤 3　AST(Pr)根结点的 BOR 约束集就是谓词 Pr 的 BOR 约束集。

算法结束。

使用本书第 6 章燃气报警器这种对安全性要求较高的系统得到的需求说明进行测试。我们在需求分析阶段定义燃气报警器安全条件的需求规则为:燃气报警器在一个时间周期(pertime)内探测空气中燃气的浓度,若探测的值不高于标准值(stdvalue),则可以判定为安全,用谓词 Pr 来表示安全条件,上述燃气报警器安全条件需求规则可以用谓词 Pr:gas<stdvalue ∧ time<=pertime 来表示。

现在生成安全条件谓词 Pr 的 BOR 约束集。

输入:谓词 Pr 的抽象语法树 AST(pr)。

输出:谓词 Pr 的约束集,放置在抽象语法树 AST(Pr)的根结点。

得到谓词 Pr 的抽象语法树如图 8.1 所示。

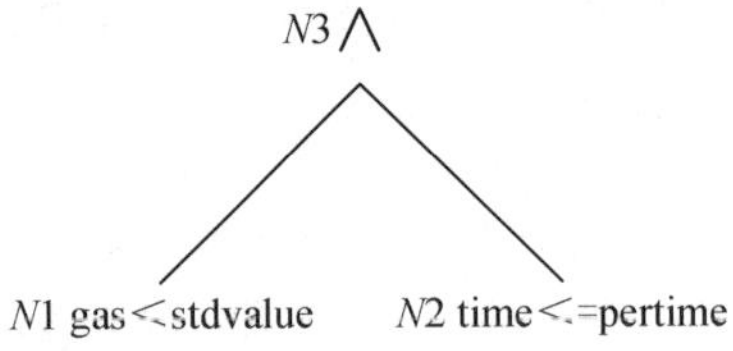

图 8.1　谓词 Pr 的抽象语法树

首先根据各叶点的类型标识其约束集如下:

$S_{N1}^t = \{t\}, S_{N1}^f = \{f\}$;

$S_{N2}^t = \{t\}, S_{N2}^f = \{f\}$。

然后自底向上,广度优先地遍历 AST(Pr),从其直接后继结点的约束集计算各非叶结点的约束集。

$S_{N3}^t = S_{N1}^t \otimes S_{N2}^t = \{t\} \otimes \{t\} = \{(t,t)\}$;

$S_{N3}^f = (S_{N3}^f \times \{t_{N2}\}) \cup (\{t_{N1}\} \times S_{N2}^f) = (\{f\} \times \{t\}) \cup (\{t\} \times \{f\}) =$

$\{(f,t),(t,f)\}$;

$S_{N3} = \{(t,t),(f,t)(t,f)\}$。

得到谓词 Pr 的 BOR 约束集如图 8.2 所示(约束集放置在谓词抽象语法树的根结点旁)。

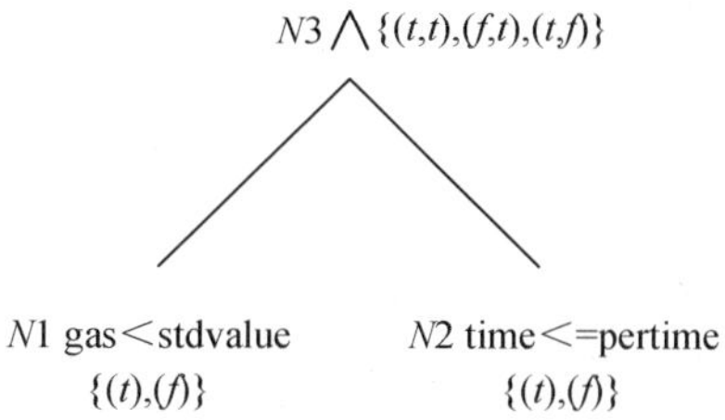

图 8.2　谓词 Pr 的 BOR 约束集

根据图 8.2 中谓词 Pr 的 BOR 约束集，设计满足以上 3 个 BOR 约束的测试集 T_1。

$$T_1=\{t_1:<gas=stdvalue-1, time=pertime-1>;\text{满足}(t,t),$$
$$t_2:<gas=stdvalue+1, time=pertime-1>;\text{满足}(f,t),$$
$$t_3:<gas=stdvalue-1, time=pertime+1>;\text{满足}(t,f)\}$$

说明：对于测试集 T_1 中 gas = stdvalue±1 及 time = pertime±1 是指标准值加上或者减去一个很小的值，不代表具体的数。

由于 T_1 满足 BOR 测试准则，因此可确保能够检测出 Pr 中存在的所有单/多布尔运算符故障。通过针对测试集 T_1，计算 Pr 及其注入布尔运算符故障后得到的变体的真值，就能验证这一点。

表 8.1 列出了谓词 Pr 以及经注入单/多布尔运算符故障后得到的 7 个故障谓词。对于每个谓词，都使用 T_1 中的 3 个测试用例分别进行计算。

表 8.1　燃气报警器安全条件的谓词 BOR 充分测试集对单/多布尔运算符故障的检测能力

运算符状态	谓词	t_1	t_2	t_3
正常	gas<stdvalue ∧ time<=pertime	true	false	false
单布尔运算符故障	1. gas<stdvalue ∨ time<=pertime	true	*true*	*true*
	2．！(gas<stdvalue) ∧ time<=pertime	*false*	*true*	flase
	3．gas<stdvalue ∧！(time<=pertime)	*false*	false	*true*
多布尔运算符故障	4. gas<stdvalue ∨！(time<=pertime)	true	false	*true*
	5.！(gas<stdvalue) ∨ time<=pertime	true	*true*	false
	6.！(gas<stdvalue) ∧！(time<=pertime)	*false*	false	false
	7.！(gas<stdvalue) ∨！(time<=pertime)	*false*	*true*	*true*

注：故障谓词与安全条件谓词的计算结果的差异用斜体标识。

下面验证测试集 T_1 最小且能够检测出谓词中所有的布尔运算符故障。

(1)验证测试集 T_1 最小

删去测试用例 t_1,对于故障谓词 6 剩余的测试用例 t_2、t_3,其执行结果与正确谓词 Pr 的预期结果相同,无法暴露错误。

删去测试用例 t_2,对于故障谓词 5 剩余的测试用例 t_1、t_3,其执行结果与正确谓词 Pr 的预期结果相同,无法暴露错误。

删去测试用例 t_3,对于故障谓词 4 剩余的测试用例 t_1、t_2,其执行结果与正确谓词 Pr 的预期结果相同,无法暴露错误。

综上所述,如果从表 8.1 中删去任意一个测试用例,则至少存在一个故障谓词对于剩余的两个测试用例,其真值与谓词 Pr 的真值相同,故测试集 T_1 是最小的。

(2)验证测试集 T_1 能检测出谓词中所有的布尔运算符故障

从表 8.1 中可以得到,对于 7 种的单/多布尔运算符故障,至少存在 1 个测试用例,使其真值与正确谓词 Pr 不同。

例如故障谓词 1,测试用例 t_2、t_3 均可发现错误。分别执行测试用例 t_2、t_3,预期结果分别是 false、false,而实际的执行结果却是 true、true,测试执行结果与预期结果不同,暴露错误。

例如故障谓词 4,测试用例 t_3 可发现错误。执行测试用例 t_3,预期结果是 false,而实际的执行结果却是 true,测试执行结果与预期结果不同,暴露错误。

因此,可以肯定,测试集 T_1 最小且满足 BOR 充分性。

8.2.4 生成 BRO 约束集

对于关系运算符连接的表达式 e1 rel e2 的 BRO 约束集 $S=\{(>),(=),(<)\}$。如下所述,根据 rel 的不同,S 的"真"约束集、"假"约束集的划分结果也不一样:

rel 为>:$S^t=(>)$,$S^f=(=),(<)$;

rel 为≥:$S^t=\{(>),(=)\}$,$S^f=\{(<)\}$;

rel 为=:$S^t=\{\{=\}\}$,$S^f=\{(<),(>)\}$;

rel 为<:$S^t=\{(<)\}$,$S^f=\{(=),(>)\}$;

rel 为≤:$S^t=\{(<),(=)\}$,$S^f=\{(>)\}$。

现在,修改前面介绍的用于生成谓词 BOR 约束集的算法 BOR-CSET,以生成最小 BRO 约束集。修改后的算法如下:

由谓词 Pr 的抽象语法树生成最小 BRO 约束集的算法 BRO-CSET。

输入：谓词 Pr 的抽象语法树 AST(Pr)。Pr 只包含奇异表达式。

输出：谓词 Pr 的 BRO 约束集，放置在抽象语法 AST(Pr)的根结点处。

算法开始：

步骤 1　标识 AST(Pr)每个叶结点 N 的约束集 S_N，对于代表布尔变量的叶结点，其 $S_N=\{t,f\}$，$S_N^t=t$，$S_N^f=f$；对于代表关系表达式的叶结点，$S_N=\{(>),(=),(<)\}$。

步骤 2　以自底向上的方式遍历 AST(Pr)的每个非叶结点（内部结点）。如果结点 N 是一个 AND 结点或 OR 结点，设 $N1$、$N2$ 是其直接后继。如果结点 N 是一个 NOT 结点，设 $N1$ 是其直接后继。S_{N1}、S_{N2} 分别代表结点 $N1$、$N2$ 的 BRO 约束集。对每个非叶结点 N，计算 S_N 如下：

(1) N 是 OR 结点

$S_N^f=S_{N1}^f \otimes S_{N2}^f$；

$S_N^t=(S_{N1}^t\times\{f_2\})\cup(\{f_1\}\times S_{N2}^t)$，其中 f_1、f_2 分别是 S_{N1}^f、S_{N2}^f 中的任一元素。

(2) N 是 AND 结点

$S_N^t=S_{N1}^t \otimes S_{N2}^t$；

$S_N^f=(S_{N1}^f\times\{t_2\})\cup(\{t_1\}\times S_{N2}^f)$，其中 t_1、t_2 分别是 S_{N1}^t、S_{N2}^t 中的任一元素。

(3) N 是 NOT 结点

$S_N^t=S_{N1}^f$；

$S_N^f=S_{N1}^t$。

步骤 3　AST(Pr)根结点的 BRO 约束集就是谓词 Pr 的 BRO 约束集。

算法结束。

对于燃气报警器安全情况下的谓词 Pr：gas<stdvalue ∧ time<=pertime，生成其 BRO 约束集。

首先根据各叶点的类型标识其 BRO 约束集如下：

$S_{N1}^t=\{(<)\}$，$S_{N1}^f=\{(>),(=)\}$；

$S_{N2}^t=\{(<),(=)\}$，$S_{N2}^f=\{(>)\}$。

然后自底向上，广度优先地遍历 AST(Pr)，从其直接后继结点的 BRO 约束集计算各非叶结点的 BRO 约束集如下：

$S_{N3}^t=S_{N1}^t\otimes S_{N2}^t=\{(<)\}\otimes\{(<),(=)\}=\{(<,<),(<,=)\}$；

$S_{N3}^f=(S_{N1}^f\times\{t_{N2}\}\cup(\{t_{N1}\}\times S_{N2}^f)=(\{(>),(=)\}\times\{(<)\})\cup(\{(<)\}\times\{(>)\})=\{(>,<),(=,<),(<,>)\}$；

$S_{N3}=\{(<,<),(<,=),(>,<),(=,<),(<,>)\}$。

得到谓词 Pr 的 BRO 约束集如图 8.3 所示（约束集放置在谓词抽象语法树

的根结点旁）。

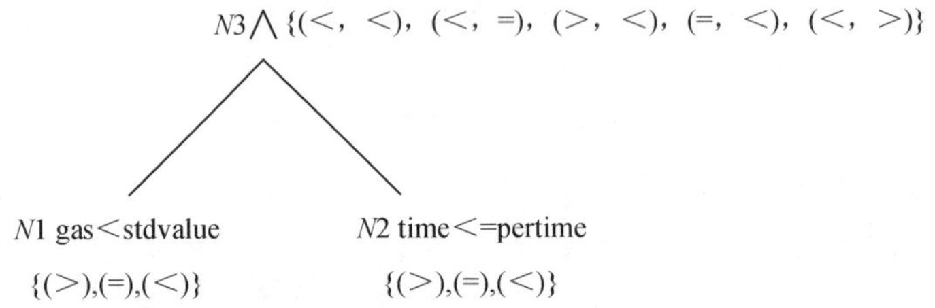

图 8.3　谓词 Pr 的 BRO 约束集

根据图 8.3 中谓词 Pr 的 BRO 约束集，设计满足以上 5 个 BRO 约束的测试集 T_2。

$T_2=\{t_1$：<gas＝stdvalue－1，time＝pertime－1>；满足（<，<），
t_2：<gas＝stdvalue－1，time＝pertime>；满足（<，＝），
t_3：<gas＝stdvalue＋1，time＝pertime－1>；满足（>，<），
t_4：<gas＝stdvalue，time＝pertime－1>；满足（＝，<），
t_5：<gas＝stdvalue－1，time＝pertime＋1>；满足（<，>）$\}$

T_2 集合中的 t_1、t_3、t_5 与 T_1 中的 t_1、t_3、t_2 的测试用例完全相同，故测试集 $T_2 \supset T_1$，由于 T_1 满足 BOR 测试准则，能够检测出 Pr 中存在的所有单/多布尔运算符故障，所以针对测试集 T_2，可以省略计算 Pr 及其注入布尔运算符故障后得到的变体的真值，只需计算布尔关系运算符故障和组合故障来验证测试集对 BRO 测试准则的充分性。

表 8.2 列出了谓词 Pr 以及经注入单/多关系运算符故障后得到的 10 个故障谓词。对于每个谓词，都使用 T_2 中的 5 个测试用例分别进行计算。

表 8.2　燃气报警器安全条件的谓词 BRO 充分测试集对单/多关系运算符故障的检测能力

运算符状态	谓词	t_1	t_2	t_3	t_4	t_5
正常	gas<stdvalue ∧ time<=pertime	true	true	false	false	false
单关系运算符故障	1. gas>stdvalue ∧ time<=pertime	*false*	*false*	*true*	false	false
	2. gas=stdvalue ∧ time<=pertime	*false*	*false*	false	*true*	false
	3. gas<stdvalue ∧ time>pertime	*false*	*false*	false	false	*true*

表 8.2(续)

运算符状态	谓词	t_1	t_2	t_3	t_4	t_5
多关系运算符故障	4. gas>stdvalue ∧ time>pertime	*false*	*false*	false	false	false
	5. gas = stdvalue ∧ time>pertime	*false*	*false*	false	false	false
组合故障	6. gas>stdvalue ∨ time< = pertime	true	true	*true*	*true*	*false*
	7. gas = stdvalue ∨ time< = pertime	true	true	*true*	*true*	false
	8. gas<stdvalue ∨ time>pertime	true	true	false	false	*true*
	9. gas>stdvalue ∨ time>pertime	*false*	*false*	*true*	false	*true*
	10. gas = stdvalue ∨ time>pertime	*false*	*false*	false	*true*	*true*

注:故障谓词与安全条件谓词的计算结果的差异用斜体标识。

下面验证测试集 T_2 能检测出谓词中所有布尔运算符故障。

从表 8.2 中可以得到,对于 10 个故障谓词,至少存在 1 个测试用例,使其执行结果与正确谓词 Pr 的执行结果不同。

例如故障谓词 1,测试用例 t_1、t_2、t_3 均可发现错误。分别执行测试用例 t_1、t_2、t_3,预期结果分别是 true、ture、false,而实际的执行结果却是 false、false、true,测试执行结果与预期结果不同,暴露错误。

例如故障谓词 8,测试用例 t_5 可发现错误。执行测试用例 t_5,预期结果是 false,而实际的执行结果却是 true,测试执行结果与预期结果不同,暴露错误。

因此,可以肯定,测试集 T_2 针对 BRO 测试准则是充分的。

8.3　大数据测试方法

工业互联网、智能制造系统运用的数据来源于“研产供销服”各环节,“人机料法环”各要素,企业资源计划(enterprise resource planning,ERP)、制造执行系统(manufacturing execution system,MES)、PLC 等各系统。数据是实现数字化、网络化、智能化的基础,其采集、流通、汇聚、计算、分析是各类新模式的源头活水。经过治理的工业控制系统大数据方可被高效分析和利用,其结果能为智能决策提供更好的支持。工业控制系统产生的数据已成为重要的经济资产,这充分显示出数据在当今社会中的重要作用。大数据时代颠覆了以往人们对数据的惯性思考方式,要保证数据执行,关于软件质量、测试质量、数据使用场景等都需要人们重新变换一个新的角度,对软件进行更全面的思考[75]。

软件测试是为了发现软件缺陷而运行测试的过程。对于常规的系统测试，测试人员根据需求规格说明的描述，判断系统的输出结果与需求描述的预期结果是否一致：若一致，系统的准确性就得到了保证；若不一致，系统就是有缺陷的。这个看似必然的测试准则在大数据系统测试中已经不成立了。对于大数据系统软件测试，在很多场景中系统预期的输出结果是无法直接确定的。

大数据时代对动态系统软件测试的要求提升到了一个新高度。大数据系统架构设计的复杂性使得系统软件测试非常复杂，软件测试的各个方面都会受到大数据的影响，这使得大数据测试成为一项非常有挑战性的工作。

本节首先分析了大数据软件测试；其次从大数据处理流程、测试策略、测试环境、测试流程等方面深入分析大数据软件测试技术，并介绍了 ETL 测试环节的主要测试类型及 ETL 自动化测试的优势；最后，介绍了几种测试数据生成方法，并给出了测试方法适用的场景。

8.3.1　大数据测试难点

1. 测试理论

当前应用的软件测试理论大部分是研究者在 20 多年前提出的基础测试理论。虽然应用这些理论仍然可以设计出很完善的测试用例，但前提是软件功能明确，并且在需求规格说明中做了准确的描述。说明如下：

假设功能明确的程序 P 是为了实现规格说明 S 中的所有需求：$I_1,I_2,\cdots,I_n(n>1)$是 S 的 n 个自变量；输入集合 $I=\{I_1,I_2,\cdots,I_n\}$时，期望的输出假设为集合 $O'=\{O'_1,O'_2,\cdots,O'_m\}$。对于按照规格说明 S 具体实现的程序 P，在测试时，输入集合 $I=\{I_1,I_2,\cdots,I_n\}$时，实际输出为 $O=\{O_1,O_2,\cdots,O_m\}$。

比较 O 和 O'的值，当 $O=O'$时，该测试用例 I 通过了测试。

在大数据场景中无论是趋势分析还是图论计算都极其困难，因此预期输出结果 O'无法确定，在这种情况下，确定测试用例 I 是否能够通过也同样变得极其困难。

2. 测试过程

大数据应用的鲜明特征之一就是数据的多样性，既有结构化的关系数据、图数据、轨迹数据，也有非结构化的文本数据、图片数据，甚至是视频数据等。大数据软件的一个基本要求就是能够支持结构化、半结构化、非结构化等多种数据类型的组织、存储和管理，形成以量质相融合的知识管理为中心并以此提供面向知识服务的快速应用开发接口。故大数据软件测试除了要验证其功能、性能外,还要验证数据处理,即数据能否正确地加载至系统,加载后的数据与源数据是否一致,数据映射、清洗过程是否正常,以及经过大数据处理框架后数据的准确性和完整性。在测试过程中,所需要的测试数据应该类似于实际的生产数据:其一,生产数据可以有任何格式,如文档、xml、JSON、PDF 等格式,因此,测试数据也应该具有多种格式;其二,生产数据的大小可能会上升到太字节(TB)级甚至拍字节(PB)级,因此,测试数据也应该足够大;其三,测试数据理应包含所有可接受的逻辑字段。生成类似于生产数据的测试数据本身也是一个挑战。

3. 测试思维

应用大数据的目的是得到数据和数据之间的关联关系。数据关联颠覆了以往人们对数据的惯性思考方式。关于数据质量、软件质量、数据利用率等,都需要人们站在更高的高度以全新的角度进行全方位的思考。这种思考方式称为大数据思维,即从数据的应用场景切入,思考如何挖掘数据本身的价值,并将其转变为市场价值。所以大数据软件的思维方式和传统软件将完全不同,即需要全部数据样本而不是抽样、关注效率而不是精确度、关注相关性而不是因果关系。大数据软件测试除了关注系统功能和性能外,还要关注数据本身的价值。面对海量数据,思考如何应用这些数据、如何有效提升数据的价值是测试的关键所在。

8.3.2　测试的主要技术

1. 大数据处理流程

根据数据从数据源向商务决策报表转化的过程,总结整理大数据处理流程如图 8.3 所示。

首先,进行数据采集、导入。这一步将根据具体的应用背景和业务需求,将各种数据源如网络日志、物联网、互联网文本和文件等存储到多个数据库中,在这一阶段可以使用 Flume 工具、爬虫工具和 Sqoop 工具。其次,进行数据清洗、分析。将数据加载到 Hadoop 分布式文件系统(Hadoop distributed file system, HDFS)中后,MapReduce 开始对原始数据进行清洗和统计分析,把一堆杂乱无章的数据按照某种特例归纳起来,然后处理并得到想要的结果。Hive 可以应用到数据分析的场景中来,它是一种 ETL 工具。数据经过 ETL 产生中间表或产生最终的报表。再次,使用数据挖掘技术。对于前面阶段处理后的数据进行数据挖掘,主要使用不同的算法对数据进行计算,从而满足更进一步数据分析需求。数据挖掘作为一个术语,用于以下 6 类活动:分类、估算、预测、关联规则、聚类、描述,主要使用的技术是机器学习以及能够从复杂数据中获取有价值的知识的深度学习等。最后,进行数据展示。当数据统计分析结束后,产生的数据可以转移到数据仓库或有特定应用的数据集市中,也可以使用 Sqoop 将产生的数据导出到传统的数据库如 Mysql 中。Hadoop 中任务的调度与协调由任务调度框架 Oozie 来完成。对于导出的数据可以使用商业智能(business intelligence,BI)工具生成报表以供用户做出准确的决策。

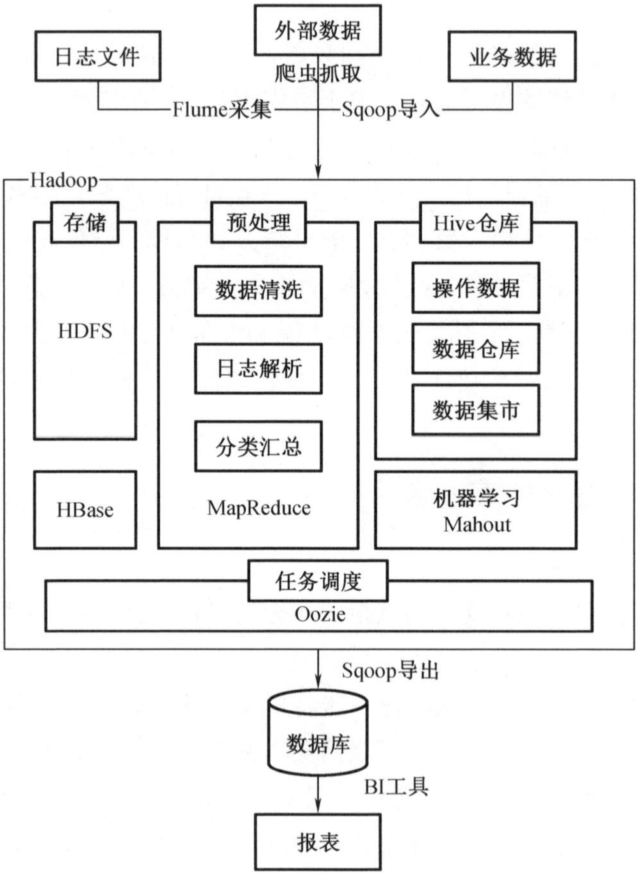

图 8.3　大数据处理流程

2. 大数据软件测试策略

大数据软件测试更多的是验证其数据处理过程,而不仅仅是测试软件产品的单个特性。对于大数据软件测试工程师而言,如何高效正确地验证经过大数据工具/框架成功处理过的至少百万兆字节(MB)的数据的准确性将会是一个巨大的挑战。大数据处理的 3 个特性如下：

(1)大批量。要对来自多个数据源的大数据进行处理和分析。

(2)实时性。数据是实时在线的，对从数据生成、采集到分析、展示的全流程实时响应。

(3)可交互。数据与产品用户连接，用户行为数据被实时传送给数据使用方，而数据使用方通过数据分析或者数据挖掘对数据进行加工，把用户感兴趣的内容推送给用户。

除此之外，在测试软件之前，有必要检查数据的质量，并将其视为数据库测试的一部分。它包括检查各种特征，如一致性、准确性、重复性、数据完整性等。

3. 大数据软件测试和传统软件测试对比

大数据多源异构、规模巨大、快速多变等特性使得传统的计算方式不能有效支持对大数据的处理、分析和计算。同样，在进行大数据软件测试时，数据规模大、内在关联关系密切而复杂、价值密度分布极不均衡等特征要求大数据软件测试与传统软件测试技术全然不同。表 8. 3 给出了传统软件测试与大数据软件测试的不同之处。

表 8. 3　传统软件测试与大数据软件测试比较

特性	传统软件测试	大数据软件测试
数据	结构化数据； 有效的、明确定义的测试方法； 测试人员可以选择手动抽样测试，也可以选择自动化穷举测试	结构化数据和非结构化数据； 测试方法需要研发的支持； 大数据抽样测试是一个挑战
基础架构	由于文件大小是有限的，不需要特殊的测试环境	由于数据和文件的巨大，需要搭建特殊的测试环境
验证工具	使用基于 Excel 的宏命令或基于 UI 的自动化工具	范围很广，没有定义的工具
	测试人员拥有基本的操作知识和通过较少的培训就可以使用测试工具	测试人员需要掌握一套特定的技能和通过专业的培训来操作测试工具。此外，测试工具也是新生工具，随着时间的推移也会不断更新功能和特性

为了支持数据的读、写、删，需要对提供给用户的所有的基本功能（接口）进行测试，保证基本功能正确。大数据系统往往由服务器集群组成，目前可达到成千上万个核的集群。测试需要在上百台甚至上千台 Blade 机器上进行，以覆盖几十种操作系统。硬件支持性，以及性能、压力、可用性、安全性、浏览器、数据库等，都是大数据软件测试的要点。

大数据软件测试不同于常规的应用测试，为了应对数据爆炸性增长的情况，测试时应该准备以下基础环境。

（1）拥有足够的存储设备来存储和处理大数据。

（2）拥有集群来做分布式节点和数据处理。

（3）至少拥有足够的中央处理器（central processing unit，CPU）、内存来确保有高性能的处理基础。

4. 大数据软件测试流程

大数据软件测试流程如图 8.4 所示。不同结构的数据首先被采集加载至 Hadoop 系统中，再通过 ETL 技术对业务系统的数据进行抽取、清洗、转换，之后将其加载到数据仓库中，作为 BI 决策的分析依据。

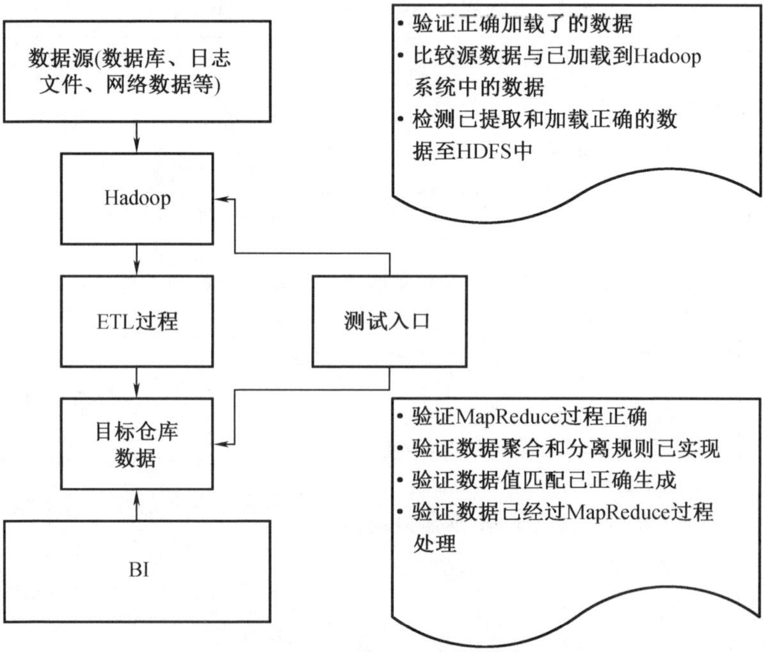

图 8.4　大数据软件测试流程

具体来看,大数据软件测试流程可以分为以下 3 步:

第一步,数据预处理验证。在进行大数据测试时,首先要在 Hadoop 前验证数据的准确性。数据来源可能是关系数据库、日志系统、社交网络等,应该确保将正确的数据加载到系统中。要验证加载的数据和源数据是一致的。要验证数据被正确地提取和加载至 HDFS 中,且被分割、复制到不同的数据节点中。

第二步,MapReduce 数据输出验证。在数据被加载至 HDFS 中后,MapReduce 开始对来自不同数据源的数据进行处理。本步骤主要验证每一个处理节点的业务逻辑是否正确。Map 过程和 Reduce 过程工作正常。验证数据聚合、合并是否正确。验证 MapReduce 处理过程的键值(key/value)对已正确生成。验证经过 MapReduce 后的数据的准确性。

第三步,输出结果验证。当 MapReduce 过程结束后,产生的数据输出文件将被按需移至数据仓库或其他的事务型系统中。在此过程中,可能会由于不正确地应用转换规则、从 HDFS 中提取的数据不完全而带来问题。本步骤主要是:验证数据转换规则是否正确应用;验证目标系统数据加载是否成功;验证数据的完整性;通过比较目标数据和 HDFS 文件数据来验证是否有数据损坏。

8.3.3　ETL 测试

1. ETL 测试过程

ETL 能够将不同结构、类型的数据集转换为统一的结构,以便后续使用 BI 工具生成有意义的分析和报表。在抽取阶段可以得到有效的数据。在转换阶段首先将数据转换成数据仓库格式,然后创建关键字。关键字是可以唯一标识实体的数据属性,其类型可以是主键、备用键、外键、组合键等。这些关键字只允许数据仓库进行维护管理,不允许其他任何实体进行修改赋值。接下来进行数据的清洗和确认:清洗工作主要是整理遗漏的数据,识别和修复错误数据;确认工作主要是解决那些不兼容数据之间的冲突,以便可以在数据仓库中对这些数据进行使用。在转换阶段还可以创建一些元数据来发现数据源的问题并提高数据质量。在装载阶段将数据载入数据仓库,然后创建聚集以对数据进行汇总并存储数据至表中,从而提升终端用户的查询体验。ETL 测试的目的是确保在业务转换之后从源加载到目标的数据是准确的。它还包括在源和目标之间使用的各种中间阶段验证数据。与其他测试过程相似,ETL 及 ETL 测试也经历了不同的阶段。ETL 过程和 ETL 测试过程的不同阶段如图 8.5 所示。ETL 测试要完成的任务分别是验证数据源、数据获取、实现业务逻辑和维度建模、创建填充分析 CUBE 及生成报告。

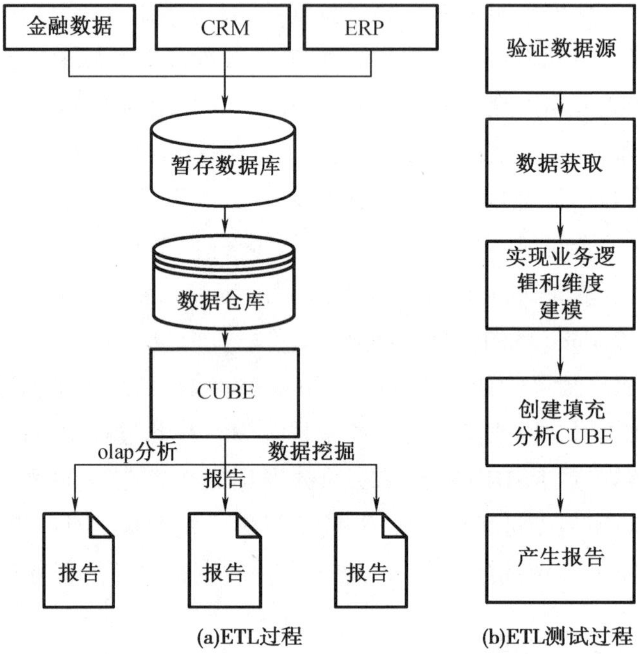

图 8.5　ETL 过程图和 ETL 测试过程图

2. ETL 测试内容

随着业务的发展扩张,产生的数据越来越多,这些数据在收集方式、原始数据格式、数据量、存储要求、使用场景等方面有很大的差异。为了确保从源数据到目标数据经过不同阶段业务转换完成后都是准确的,ETL 测试由此展开。ETL 测试的主要内容如下:

(1)生产确认测试

该类型的 ETL 测试是在数据迁移至生产系统时进行的。为了提高商业决策的准确性,生产系统中的数据必须按正确的顺序进行排列。Informatica 工具的数据验证菜单提供 ETL 自动化测试和管理功能,可用来确保生产系统不会受到数据的负面影响。

(2)源数据到目标数据测试

该类型的测试主要验证所转换的数据值是不是预期的数据值。

(3)升级测试

该类型的 ETL 测试可以自动生成,能节省大量的测试开发时间。其主要检查旧应用或存储库中提取的数据是否与新的应用或新的存储库中的数据完全相同。

(4)元数据测试

元数据测试包括数据类型检查、数据长度检查和索引/约束检查。

(5)数据完整性测试

为了验证所有预期的数据都从源加载到目标中,需要进行数据完整性测试。在数据完整性测试过程中,还可以进行一些简单的转换或无转换的源与目标之间的计数、聚合和实际数据比较与验证的测试。

(6)数据准确性测试

确保数据按预期准确加载和准确转换是数据准确性测试的目标。

(7)数据转换测试

数据转换测试是一个复杂的过程,并不是通过简单地写一个源结构化查询语言(structured query language,SQL)查询语句并将输出与目标数据进行比较来实现的。可能需要为每一行运行多个 SQL 查询语句来验证转换规则。

(8)数据质量测试

数据质量测试包含语法测试和参照测试。为了避免在业务过程中由日期或唯一编号(如订单号)引起的错误,需要进行数据质量测试。语法测试:根据无效字符、字符模式、不正确大小写等报告脏数据。参照测试:基于数据模型检查数据,如客户 ID。数据质量测试包含数字检查、日期检查、精度检查、数据检查、空值校验等。

(9)增量 ETL 测试

增量 ETL 测试验证插入操作和更新操作在增量 ETL 过程中是否按照预期被处理,并检查添加新数据时新旧数据的数据完整性。

(10)GUI/导航测试

该类型测试主要检查大数据报告的 GUI/导航方面是否正常。

3. ETL 自动化测试

ETL 测试过程是测试数据仓库中的一个至关重要的阶段,几乎也是最复杂的阶段,因为它直接影响数据的质量。每次 ETL 过程的失效都会导致在数据仓库中加载不正确的数据,从而导致为商务决策提供了错误的数据,最终导致不准确决策。ETL 测试的一般方法是使用 SQL 脚本或手工测试数据。这些 ETL 测试方法非常耗时,容易出错,并且测试覆盖率大多不足。为了在生产和开发环境中加速、提高 ETL 测试的覆盖率、降低成本、提高缺陷检测率,自动化测试已经被证明是提高数据仓库系统质量的有效手段。但 ETL 自动化测试还面临着一些挑战和限制。

(1)人们普遍认为并不是所有的数据仓库测试都可以自动化,只是一些关键的和重复的测试可以使用自动化工具来实现。

(2)数据仓库由许多表和记录组成,增加了测试的复杂性。

(3)数据仓库中的数据来自多个源系统,在测试过程中,必须检查来自源系统和加载在数据仓库中的数据之间的数据。

(4)自动化测试不能完全取代手工测试。仍然需要手工测试来处理自动化测试可能无法捕获所有内容的复杂情况。

(5)业务对象报告测试仍然是自动化测试面临的一个挑战。

(6)自动化测试工具的成本较高,导致人们依赖于手工测试。

图 8.6 给出了 ETL 自动化测试框架。建议的框架包括:3 个存储库、映射文档、2 个流程和结果报告。这 3 个存储库分别是:存储数据仓库元数据的元数据存储库、用于存储映射文档和元数据存储库所需信息的数据库模式存储库、存储质量参数定义及其相关测试用例的测试程序存储库。将使用 2 个流程根据前面存储库中存储的数据生成和执行测试用例,最后生成关于通过的测试用例的结果报告。ETL 自动化测试的优势如下:

(1)减少花费在测试阶段的时间,使用自动化测试工具可以加快测试用例的执行速度。

(2)测试具有可重用性,即存储的测试可以在后期多次使用。

(3)节省人力,即开发人员可以投入到其他的任务中,而无须做手工测试。

(4)可利用自动化测试工具来生成测试报告并记录测试结果。

(5)每次更改数据或业务规则后可以使用自动化测试产生的测试用例来确认其他部分不受影响,从而减少回归测试的工作。

8.3.4 案例研究

1. 案例描述

在本节中,使用员工信息数据库来检测 ETL 过程执行后,源数据到目标数据转换的准确性。员工信息表的数据由另一个数据库中的多表填充,图 8.7 为用于填充员工维度表的源数据库联系图。源数据库包括 Person(人员)表、Employee(员工)表、EmployDepartmentHistory(员工部门历史)表、SalesPerson(销售人员)表、Department(部门)表。ETL 过程将对数据仓库(data warehouse,DW)中员工信息表进行数据填充,从源数据库中抽取特定的列,并将抽取出的数据与 DW 中表内的数据进行比较,只有确定是新记录才能添加,其他记录被抛弃不使用。

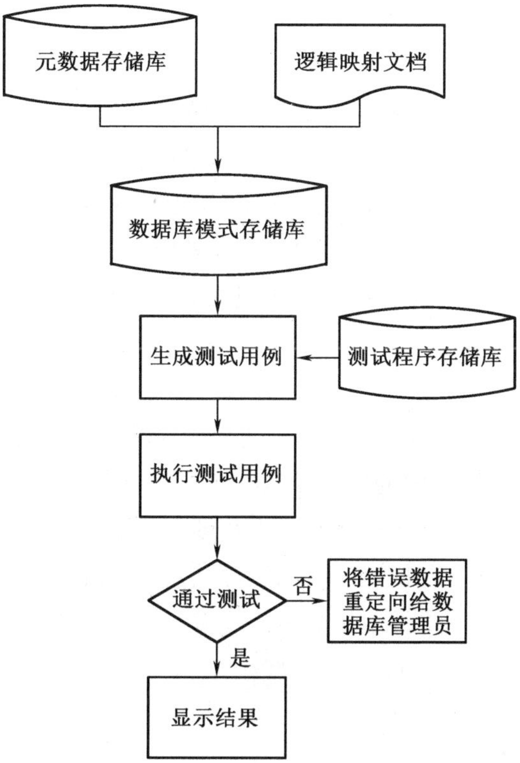

图 8.6　ETL 自动化测试框架

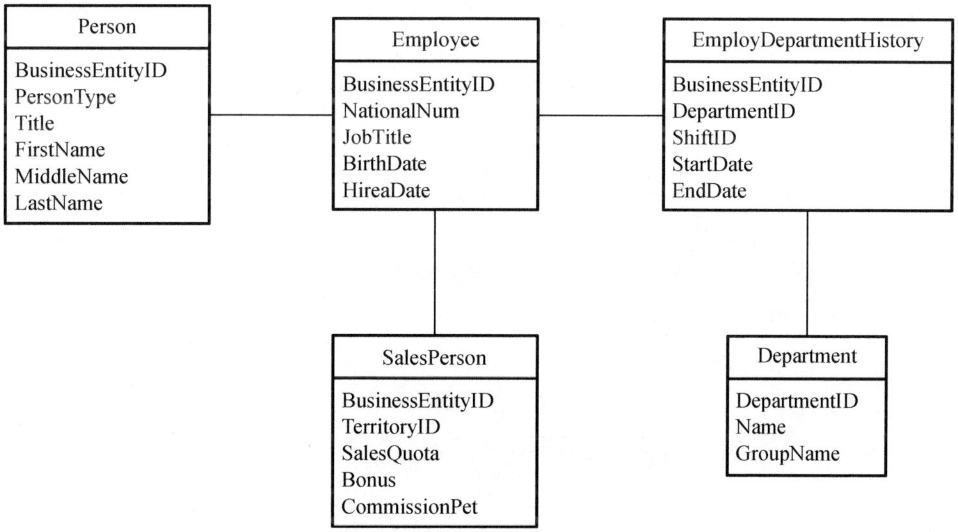

图 8.7　源数据库联系图

2. 测试环境搭建

测试用例的产生和执行是使用图 8.6 所示的框架完成的。第一步,定义引用涉及的数据库:源数据库、暂存数据库和 DW。第二步,涉及 ETL 逻辑映射文档和元数据存储库。逻辑映射文档包含由源数据库提供的每个字段到目标的过程。它包含以下字段:目标表名、目标表类型列名、渐变维度(slowly changing dimension,SCD)类型、源数据库、源表名、源列名和转换。第三步,建立到元数据存储库的连接。目前市场上有许多工具可以在 DW 阶段实现元数据的交换,如 MDS 和 MIMS。

3. 测试程序执行

从逻辑映射文档和 DW 元数据中提取所需数据后,将这些数据加载到数据库模型中。针对数据模型中的质量参数分配了一些例行程序,通过研究影响每一个质量参数的所有质量问题,找到检测出质量问题的测试程序。手动为每一个质量参数分配测试程序,指定的测试程序将在每一个维度表/实际表上执行。在这一步骤中,测试用例中抽取出的每一个字段将被赋予来自数据库模型中的值(表名、列名等)。用于执行的算法如下:

```
开始
对每一个逻辑数据映射文档中的维度表/实际表执行以下操作:
开始
对于每一个测试程序库中的质量参数
    开始
      获取相应的测试用例;
      对于每一个测试用例
        将测试用例的字段映射为数据库模型中的对应值;
        执行测试用例。
        如果测试失败,重定向测试用例并提交测试详细信息;
        否则 显示结果;
        结束 如果;
      结束          //    结束每个测试用例
结束            //    结束每个质量参数
结束              //    结束每个表
结束
```

在对所选条目执行测试之后,成功的测试用例将直接通过并转到下一步,失败的测试用例可以使用各种策略来处理在需求分析阶段确定的 ETL 错误。例如,自动清除错误数据、抛出错误数据,以及采用常用处理方式——将错误数据交给数据库管理员。

4. 测试结果分析

通过对装载在维度表中的真实数据及代表无效 ETL 过程存在的各种错误类型的模拟数据这两个不同的数据库进行测试,得到如表 8. 3 所示的测试结果。结果显示,在植入错误后,所有的测试用例都没有通过测试。

分析测试结果,就可以通过比较检测出的故障数与植入错误数来评估系统的有效性了。系统生成的所有报告表明,所有植入的错误均被检测到了,验证了该方法在 ETL 阶段检测数据质量的有效性。通过在不同的数据集上进行测试(从 10 000 到 50 000 记录),证明了该方法在检测不同数据集上错误的有效性。

表 8.3　生成的测试用例及测试结果

DQ 维度	测试用例名称	期望输出	实际结果	测试结果
完整性	重复性检查	列值是唯一的	目标表中数据有冗余	失败
	完整性约束检查	外键/主键可维护	违反外键/主键约束	失败
	超出边界值检查	目标表中的数据位于特定范围内	违反目标表中的范围规范	失败
	SCD 检查	SCD 列中的数据与指定类型兼容	SCD 属性的值与定义的类型不兼容	失败
	记录计数验证检查	目标表的记录数与源表中的记录数相同	源和目标之间属性数不匹配	失败
有效性	数据类型检查	源文件数据类型与目标数据类型相同	数据类型不匹配	失败
	字段长度检查	源表和目标表中字段长度一致	字段长度不匹配	失败
一致性	字段映射检查	字段映射依赖于逻辑映射文档规范	字段映射不匹配	失败
	度量值检查	度量值计算准确	度量函数结果错误	失败
准确性	超出边界值检查	目标表中的数据位于特定范围内	目标表中的值超出边界	失败
	截断值检查	目标表中的数据与源表相同	源表中的数据与目标表中的数据不匹配	失败

注:表中,DQ 维度为数据质量(data quality)维度。

8.4　本章小结

工业控制动态系统在运行时会产生大量的数据。大数据技术的发展引发了软件的特征和形态的变化,软件测试的重点和方式也随之变化。为了提高动态系统的质量,使用谓词对软件的需求规则进行测试,并生成充分的测试集,是提高软件质量的有效途径。为说明该方法的有效性,使用该方法对燃气报警器这种安全性要求较高的系统需求进行测试。定义燃气报警器系统需求安全条件的谓词,生成该谓词的 BOR 充分测试集及 BRO 充分测试集,并验证安全条件谓词的 BOR 测试集是充分检测出所有布尔运算符故障的最小集合,也验证了安全条件谓词的 BRO 测试集的充分性。基于谓词的测试方法在提高测试效率的同时,保证了测试的充分性,是一种进行软件测试的有效方法。

为了保证工业控制动态系统产生数据的质量,需要对大数据软件进行全面测试,这就必须清楚大数据软件的处理流程、测试策略、测试所需环境与测试过程。大数据软件的测试重点就是验证数据处理、验证加载前数据的准确性、验证处理过程数据,以及验证输出结果数据。ETL 测试的目的就是确保在业务转换之后从源加载到目标的数据是准确的,它还包括在源和目标之间使用的各种中间阶段验证数据,以便后续使用 BI 工具生成有意义的分析报表。由于大数据是对所有数据进行分析而不是随机抽样的,所以在测试时还需要大量的测试数据,快速生成大量、种类多样的测试数据,这是保证测试进行的前提。在不同的测试场合可以选择不同的测试数据生成工具,以提高测试的效率。

未来大数据系统将面临许多挑战,这些挑战源于大数据的本质:庞大、多样和不断发展。当前,人们组织捕获和处理这些数据的能力受到了限制。当前的技术、架构、管理和测试方法都需要进一步发展来面对数据洪流,或者处理机构需要改变他们思维、计划、管理、处理和报告数据的方式,以真正发挥大数据的潜力。以下是研究人员和测试人员在未来几年必须面对的一些挑战。

1. 实时性

大数据生成速度很快,很多数据是在线的,并且需要实时处理。大数据的实时分析是电子商务提供在线服务的关键。而且,在产生的数据中存在大量的噪声对象、不完整对象、不准确对象、不精确对象和冗余对象。当前,大数据的规模飞速扩大,如何从大数据中发现并提取出有价值的信息,实现快速响应和实时决策,是大数据软件测试研究的重点。

2. 隐私安全

大数据技术的发展极大威胁着个人隐私安全。政府机构在利用数据分析做出决策的同时还要致力于保护本国公民的隐私。澳大利亚政府通过了《2012年隐私修正案(加强隐私保护)法案》,加强了对个人信息的保护,并为个人信息的使用设定了更清晰的界限。欧洲法院(European Court of Justice)制定了"被遗忘权",规定欧洲公民有权要求搜索引擎删除被认为不准确、不相关的条目等。美国、英国相继为数据保护立法。我国颁布了《中华人民共和国网络安全法》《中华人民共和国个人信息保护法》等法律法规[16]。政府机构在收集或管理公民数据时,必须遵守一系列法律法规。这些法律法规旨在维持公众对政府作为有效和安全的公民信息存储库和管理者的信心。政府机构使用大数据不会改变这一点,相反,它可能会在管理信息安全风险方面额外增加一些复杂性。大数据源、机构内部和跨机构的传输系统,以及这些数据的端点,都将成为本地和国际黑客感兴趣的目标,需要得到保护。研究开发的大数据系统应该具有相当高的安全性能,以达到保护公民隐私的目的。

3. 隐藏的大数据

大量有用的数据正在丢失,因为新数据大部分是基于无标记文件和非结构化数据产生的。国际数据公司(International Data Corporation,IDC)的大数据研究表明,大数据技术趋于成熟,但数据壁垒仍然存在,数据价值没有充分发挥出来。

4. 成本

当前可以进行的大数据软件测试的规模大小在很大程度上取决于CPU集群和GPU等高性能计算架构的增长。不幸的是,计算性能的提高远远落后于大数据数据量的增长速度。大数据软件测试面临的最大问题之一就是基础设施成本高,即使有了云计算技术,其硬件设备也是非常昂贵的[17]。

迎接大数据带来的挑战将是困难的,数据量已经非常巨大,而且每天都在增长。越来越多的设备连入互联网,导致数据产生速度不断加快,而且生成的数据种类也在不断增加,大数据采集、分析、处理、测试的需求在所有科学和工程领域中不断增多。大数据技术有望提供最相关、最准确的社会感知反馈方式,从而使人们更好地实时了解社会,也进一步鼓励公众参与到社会和经济活动的数据产生中来。

第 9 章　总结与展望

9.1　总　　结

当前,动态系统在国民经济和国防现代化建设中越来越重要,相关投资力度也越来越大,因此关于动态系统程序设计的研究具有重要的意义,已成为软件工程领域中的研究重点之一。由于动态系统大多用在安全性较高的场合,因此其正确性就要得到严格的保证。将形式化方法应用到动态系统软件的开发中,是提高系统可信度的重要途径。

在将形式化方法应用到动态系统的开发阶段时,其可以分为形式化描述和形式化验证两种。形式化描述是指用逻辑的语言和进程代数来对系统的属性进行描述,也是形式化验证的依据;而形式化验证是保证系统设计正确性的一种重要方法,通过验证可以从某一角度回答"系统一定没有错误吗?"这样一类问题,进一步提高人们对系统可靠性的可信度。

基于此,本书介绍了两种在动态系统设计领域中比较重要的形式化方法,基于实时时序逻辑语言 XYZ/RE 的形式化描述方法和基于时间自动机的形式化验证方法。在分析了 XYZ/RE 和时间自动机的语义具有相似性的基础上,对 XYZ/RE 语言进行相应的扩充和约束,继而给出了 XYZ/RE 到时间自动机的映射规则。这样通过 XYZ/RE 描述的动态系统进程通过映射可以直接转化为时间自动机,从而可以利用基于时间自动机的验证工具对 XYZ/RE 所描述的系统进行验证。

为了说明 XYZ/RE 到时间自动机的映射规则的可行性和实用性,本书采用 XYZ/RE 描述了两种不同类型的动态系统:硬实时动态系统——煤气炉控制系统和软实时动态系统——咖啡机控制系统实例,并按照映射规则将系统的进程转化为时间自动机，继而利用基于时间自动机的验证工具 UPPAAL 对 XYZ/RE 所描述的系统的相关属性（安全性、活性和可达性）进行验证，提高了系统的正确性、可靠性和可信度。

随着智能制造技术的不断发展，人们逐渐意识到对实际工业过程进行有效控制和建立系统的精确模型对保证系统正确性至关重要。在实际生产和生活过程中，人们发现工业生产系统会面临 PLC 篡改、DoS 攻击等来自逻辑层的安全威胁。为了能够提高生产系统的安全性，确保设计的嵌入式系统和智能系统的逻辑过程正确，本书给出了基于时间自动机的嵌入式系统和智能化生产线系统的形式化建模与验证方法，并给出了构建系统时间自动机模型的步骤，提供了系统各个部件在 UPPAAL 中的具体实现，同时应用 CTL 语言对嵌入式系统和智能化生产线系统进行了可用性、正确性和实时性的验证。研究表明，设计人员通过建立时间自动机模型可准确地模拟嵌入式系统和智能化生产线系统的高实时性和高准确性。通过调整模型中使用的变量和常量，可在保证系统各项属性得到满足的情况下，使模型应用的范围更广泛。

为了保证动态系统的软件质量，使用谓词对软件的需求规则进行测试，并生成充分的测试集。这是提高软件质量的有效途径。为说明该方法的有效性，使用该方法对燃气报警器这种安全性要求较高的系统需求进行测试并生成该谓词的 BOR 充分测试集及 BRO 充分测试集，在提高测试效率的同时，保证了测试的充分性。这是一种进行软件测试的有效方法。当前，工业控制系统产生的数据成为重要的经济资产，为了尽可能地使用这些数据，要对数据应用软件进行全面测试。这就要求人们必须清楚大数据软件的处理流程、测试策略、测试所需环境与测试过程。研究表明：合理地搭建测试环境，应用自动化测试技术，可以提高测试效率并降低大数据软件测试的难度。

9.2 展　　望

在后续研究中将对 XYZ/RE 和时间自动机之间的转换进行双向的映射开展研究，即开展对时间自动机到 XYZ/RE 映射问题的研究。希望能够在此基础上，为进一步推广 XYZ/RE 在动态系统软件设计中的应用提供工具支持。

此外，为了提高设计的系统的安全性，确保系统逻辑过程的正确性，还需建立系统活性与系统控制逻辑之间的内在联系，将逻辑完整性问题转换为活性完整性问题并进行研究。在对系统逻辑进行完整性检测时，可通过对中间状态进行检测来说明最终期望进程是否会出现。可以使用状态检测法来检测系统逻辑的正确性。在今后的研究中，如果能在现有成果的基础上进一步解决以下问题，将大大促进动态系统在工业控制领域中的发展。

(1)针对时间自动机模型对控制逻辑描述不够清晰的问题，增加系统状态转换条件，并基于标签转移系统构建系统模型。根据活性与动态系统控制逻辑之间的内在联系，将逻辑完整性问题转换为活性完整性问题，从而通过检测系统活性是否完整来检验动态系统逻辑是否完整。

(2)针对动态系统逻辑的安全性验证问题，研究针对动态系统控制逻辑的攻击方式，并建立攻击的时间自动机模型，以此来检验动态系统的活性和安全性是否受到破坏。

(3)针对控制逻辑完整性问题，使用状态检测法和变量检测法来检测系统活性。

参考文献

[1] 张广泉. 关于软件形式化方法[J]. 重庆师范学院学报(自然科学版),2002,19(2):1-4,9.

[2] 李景洲,董继润,李保栋. 论结构化方法与形式化方法的结合[J]. 计算机科学,1995,22(1):47-50.

[3] DOUGLASS B P. Real-time UML: developing efficient objects for embedded systems [M]. Massachustts: Addison - Wesley Longman Publishing Co., Inc., 1997.

[4] JOSEPH M. Real-time systems: specification, verification and analysis[M]. NJ: Prentice Hall PTR, 1995.

[5] 张广泉. 基于线性时序逻辑的实时系统建模与求精[J]. 小型微型计算机系统,2006,27(8):1580-1584.

[6] 唐稚松. 时序逻辑程序设计与软件工程[M]. 北京:科学出版社,2002.

[7] CHENG A M K. Formal analysis and verification of real-time systems[R]. Houston: Real-Time Systems Laboratory, Univesity of Houston, 2004.

[8] 莫以为,萧德云. 混合动态系统及其应用综述[J]. 控制理论与应用,2002,19(1):1-8.

[9] 韩俊刚. 形式化方法和混合系统[J]. 西安邮电学院学报,1999,4(1):8-12,64.

[10] RANGARAJAN M. Formal methods: analysis of complex systems to ensure correctness and reduce cost [R]. Minneapolis: Honeywell Laboratories, 2005.

[11] SPIVEY J M. The Z notation: a reference manual[M]. 2nd ed. Hertfordshire: Prentice Hall International(UK) Ltd., 1992.

[12] WOODCOCK J, DAVIES J. Using Z: specification, refinement, and proof[M]. NJ:

Prentice Hall,1996.

[13] LANO K,HAUGHTON H. Formal development in B abstract machine notation[J]. Information and Software Technoloy,1995,37(5/6):303-316.

[14] WORDSWORTH J B. Getting the best from formal methods[J]. Information and Software Technology,1999,41(14):1027-1032.

[15] ZHOU C C,HOARE C A R,RAVN A P. A calculus of duration[J]. Information Processing Letters,1991,40(5):269-276.

[16] ISO. Information processing systems—open systems interconnection—LOTOS—a formal description technique based on the temporal ordering of observational behaviour:ISO 8807:1989(E)[S]. [S. l. :s. n.],1989.

[17] 曹重华,白似雪,杨锦云. 维也纳分析方法及其应用[J]. 南昌大学学报(理科版),2005,29(1):99-102.

[18] 王海霞. 运算电路的形式化验证方法研究[D]. 北京:中国科学院计算技术研究所,2007.

[19] GORDON M J C. HOL:a proof generating system for higher-order logic[M]. BIRTWISTLE G,SUBRAHMANYAM P A. VLSI specification, verification and synthesis. Boston,MA:Springer,1988.

[20] BOYER R S,MOORE J S. A theorem prover for a computational logic[C]//STICKEL M E. Proceedings of the 10th International Conference on Automated Deduction,LNCS. Berlin,Heidelberg:Springer,1990,449:1-15.

[21] OWRE S,RUSHBY J M,SHANKAR N,et al. A tutorial on using PVS for hardware verification[C]//Proceedings of the 2nd International Conference on Theorem Provers in Circuit Design: Theory, Practice and Experience, LNCS. Berlin,Heidelberg:Springer,1994,901:258-279.

[22] KAUFMANN M,MOORE J S. ACL2:an industrial strength version of Nqthm[C]//Proceedings of the 11th Anuual Conference on Computer Assurance. Gaithersburg,MD:IEEE Computer Society Press,1996:23-34.

[23] 林惠民,张文辉. 模型检测:理论、方法与应用[J]. 电子学报,2002,30(12A):1907-1912.

[24] 戎玫,张广泉. 模型检测新技术研究[J]. 计算机科学,2003,30(5):102-104.

[25] HOLZMANN G J. Design and validation of computer protocols[M]. New Jersey:Prentice Hall,1991.

[26] KATZ S, PELED D. Verification of distributed programs using representative interleaving sequences[J]. Distributed Computing, 1992, 6: 107-120.

[27] EMERSON E A, SISTLA A P. Symmetry and model checking[J]. Formal Methods in System Design, 1996, 9: 105-131.

[28] SISTLA A P, GYURIS V, EMERSON E A. SMC: a symmetry-based model checker for verification of safety and liveness properties[J]. ACM Transactions on Software Engineering and Methodology, 2000, 9(2): 133-166.

[29] COUSOT P, COUSOT R. Systematic design of program analysis frameworks [C]//Proceedings of the 6th ACM SIGACT-SIGPLAN symposium on Principles of programming languages. New York: ACM Press, 1979, 79: 269-282.

[30] CLARKE E M, GRUMBERG O, LONG D E. Model checking and abstraction [J]. ACM Transactions on Programming Languages and Systems, 1994, 16 (5): 1512-1542.

[31] LOISEAUX C, GRAF S, SIFAKIS J, et al. Property preserving abstractions for the verification of concurrent systems[J]. Formal Methods in System Design, 1995, 6: 11-44.

[32] WEISER M. Program slicing[J]. IEEE Transactions on Software Engineering, 1984, 10(4): 352-357.

[33] CHENG J D. Slicing concurrent programs—a graph—theoretical approach [C]//Proceedings of the First International Workshop on Automated and Algorithmic Debugging. Berlin: Springer-Verlag, 1993: 223-240.

[34] MILLETT L I, TEITELBAUM T. Issues in slicing PROMELA and its applications to model checking, protocol understanding, and simulation[J]. International Journal on Software Tools for Technology Transfer, 2000, 2(4): 343-349.

[35] STARK E W. A proof technique for rely/guarantee properties[C]//Proceedings of the Fifth Conference on Foundations of Software Technology and Theoretical Computer Science. Berlin: Springer-Verlag, 1985: 369-391.

[36] CLARKE E M, LONG D E, MCMILLAN K L. Compositional model checking [C]//Proceedings of the Fourth Annual Symposium on Logic in computer science. Pacific Grove: IEEE Press, 1989: 353-362.

[37] STAHL K, BAUKUS K, LAKHNECH Y, et al. Divide, abstract, and model-check[C]//Proceedings of the 5th and 6th International SPIN Workshops

on Theoretical and Practical Aspects of SPIN Model Checking. Berlin: Springer-Verlag,1999:57-76.

[38] MCMILLAN K L. Symbolic model checking: an approach to the state explosion problem[M]. Pittsburgh: Carnegie Mellon University,1992.

[39] HOLZMANN G J. The model checker SPIN[J]. IEEE Transactions on Software Engineering,1997,23(5):279-295.

[40] CLEAVELAND R,PARROW J,STEFFEN B. The concurrency workbench: a semantics-based verification tool for the verification of concurrent systems[J]. ACM Transactions on Programming Languages and Systems, 1993, 15(1):36-72.

[41] BENGTSSON J,LARSEN K,LARSSON F,et al. UPPAAL—a tool suite for automatic verification of real-time systems[C]//Proceedings of the DIMACS/SYCON workshop on hybrid systems Ⅲ: verification and control. Berlin: Springer-Verlag,1996:232-243.

[42] 唐小平,唐稚松,马华东,等. XYZ 系统在动画设计中的应用[J]. 软件学报,1998,9(1):1-6.

[43] YAN A,TANG Z S. Building hybrid real-time systems in XYZ/E—implementation of the steam-boiler control specification problem[J]. Journal of Software,1999,11(6):711-719.

[44] 郭亮,唐稚松. 基于 XYZ/E 描述和验证容错系统[J]. 软件学报,2002,13(5):913-920.

[45] 朱雪阳,唐稚松. 基于时序逻辑的软件体系结构描述语言 XYZ/ADL[J]. 软件学报,2003,14(4):713-720.

[46] 张广泉,戎玫,晏荣杰. 基于时序逻辑语言描述的监控系统的软件体系结构求精[J]. 计算机工程与应用,2003,39(31):14-17.

[47] 刘俭云,戎玫,张广泉. XYZ/E 在 CA 认证系统的一个初步应用[J]. 计算机工程与应用,2005,41(26):133-135.

[48] 赵琛,唐稚松,马华东. 基于 XYZ/RE 的多媒体同步器自动构造方法[J]. 软件学报,2000,11(8):996-1002.

[49] 刘珊艳,张广泉. 基于时序逻辑 XYZ/E 语言的实时系统应用研究[J]. 重庆师范大学学报(自然科学版),2006,23(3):63-66.

[50] ALUR R. Timed automata[C]// Proceedings of the 11th International Confer-

ence on Computer Aided Verification. Berlin:Springer-Verlag,1999:8-22.

[51] ALUR R,DILL D L. A theory of timed automata[J]. Theoretical Computer Science,1994,126(2):183-235.

[52] BEHRMAN G,DAVID A,LARSEN K G. A tutorial on UPPAAL[M]//BERNARDO M,CORRADINI F. Formal methods for the design of real-time systems. Berlin:Springer,2004.

[53] 刘珊艳,戎玫,张广泉. 实时时序逻辑语言 XYZ/RE 到时间自动机的映射[J]. 微计算机应用,2008,29(6):69-75.

[54] HANSEN K M,RAVN A P,RISCHEL H. Specifying and verifying requirements of realtime systems[J]. IEEE Transactions on software Engineering,1993,19(1):41-55.

[55] LARSEN K G,STEFFEN B,WEISE C. Continuous modeling of real-time and hybrid systems:from concepts to tools[J]. International Journal on Software Tools for Technology Transfer,1997,1:64-85.

[56] 于淼,李允,桂盛霖,等. 基于时间自动机的嵌入式系统调度分析工具[J]. 计算机工程,2012,38(3):290-292.

[57] 李宣东,于戈. 嵌入式系统软件设计方法与技术专刊前言[J]. 软件学报,2014,25(2):177-178.

[58] 范贵生,虞慧群,陈丽琼,等. 策略驱动的可靠嵌入式系统建模及分析方法[J]. 软件学报,2011,22(6):1123-1139.

[59] 刘珊艳. 基于 UPPAAL 的燃气报警器的建模与验证[J]. 荆楚理工学院学报,2015,30(4):16-21.

[60] 李立行,金芝,李戈. 基于时间自动机的物联网服务建模和验证[J]. 计算机学报,2011,34(8):1365-1377.

[61] 张曙. 工业 4.0 和智能制造[J]. 机械设计与制造工程,2014,43(8):1-5.

[62] 周济. 智能制造——“中国制造 2025”的主攻方向[J]. 中国机械工程,2015,26(17):2273-2284.

[63] LI P C,ZHU H C,LUO L. Digital twin technology in intelligent manufacturing[C]//2020 2nd International Conference on Artificial Intelligence and Advanced Manufacture (AIAM). Manchester:IEEE,2020:195-200.

[64] ZHOU G H,ZHANG C,LI Z,et al. Knowledge-driven digital twin manufacturing cell towards intelligent manufacturing[J]. International Journal of

Production Research,2019,58(4):1034-1051.

[65] RAI R,TIWARI M K,IVANOV D,et al. Machine learning in manufacturing and industry 4.0 applications[J]. International Journal of Production Research,2021,59(16):4773-4778.

[66] CAI Q,TANG D,ZHU H,et al. Research on key technologies for immune monitoring of intelligent manufacturing system[J]. The International Journal of Advanced Manufacturing Technology,2018,94:1607-1621.

[67] LU T,HUO X Y. Modeling and verification of supervisory rules in Internet of Things environment[J]. Procedia Computer Science,2018,126:1926-1935.

[68] UMADVIA K S,BALAKRISHNANA P,KOUSALYA G. Intrusion detection system using timed automata for cyber physical systems[J]. Journal of Intelligent & Fuzzy Systems,2019,36:4005-4015.

[69] KUNZ G,MAHADO J,PERONDI E. Using timed automata for modeling, simulating and verifying networked systems controller's specifications[J]. Neural Comput & Applic,2017,28:1031-1041.

[70] 孟瑶,李晓娟,关永,等. 机器人关节通信总线系统的建模与验证[J]. 软件学报,2018,29(6):1699-1715.

[71] 梁婷,王瑞,李晓娟,等. 工业机器人模块化建模与验证[J]. 计算机工程与设计,2019,40(1):209-217.

[72] 范维,杨洋,王迪洋,等. 基于 PLC 的叉车车架焊接生产线系统的设计[J]. 制造业自动化,2021,43(7):123-128.

[73] 尚洋,杨学勤,徐爱杰,等. 机器人智能化焊接技术发展综述及其在运载火箭贮箱中的应用[J]. 上海航天,2021,38(3):8-17.

[74] 刘珊艳. 基于谓词的系统需求测试用例生成方法研究[J]. 湖北理工学院学报,2017,33(4):39-44.

[75] 刘珊艳,胡秀,严武. 大数据软件测试技术研究[J]. 湖北工业大学学报,2020,35(5):55-61.